普通高等教育"十三五"规划教材

钢铁冶金虚拟仿真实训

主　编　王　炜　朱航宇
副主编　曹玉龙　周进东　宋明明　方　庆

北　京
冶金工业出版社
2020

内 容 提 要

本书为"钢铁冶金虚拟仿真实训"工程实践指导教材,内容共分6章。第1章为绪论;第2~6章为独立模块的模拟炼钢环节,分别介绍了高炉炼铁、转炉及电炉炼钢、精炼和连铸各模块的基本操作过程、冶炼工艺要点和成本优化方案,使学生通过对网络虚拟炼钢系统中的各冶炼模块进行模拟训练,加深对钢铁冶金生产主要设备和工艺流程的认识,初步掌握各工序的原料特点、配料计算和冶炼参数的设置与调整原则,结合钢铁生产基本原理,分析、总结冶炼成本的影响因素,达到降低生产成本,掌握生产操作全流程的目的。

本书可供高等学校冶金工程专业师生使用,也可供相关的从业人员参考。

图书在版编目(CIP)数据

钢铁冶金虚拟仿真实训/王炜,朱航宇主编.—北京:
冶金工业出版社,2020.10
普通高等教育"十三五"规划教材
ISBN 978-7-5024-8623-5

Ⅰ.①钢… Ⅱ.①王… ②朱… Ⅲ.①钢铁冶金—仿真系统—高等学校—教材 Ⅳ.①TF4

中国版本图书馆 CIP 数据核字(2020)第 201133 号

出 版 人 苏长永
地　　址 北京市东城区嵩祝院北巷39号　邮编　100009　电话　(010)64027926
网　　址 www.cnmip.com.cn　电子信箱　yjcbs@cnmip.com.cn
责任编辑 宋　良　美术编辑　吕欣童　版式设计　禹　蕊
责任校对 郑　娟　责任印制　李玉山
ISBN 978-7-5024-8623-5
冶金工业出版社出版发行;各地新华书店经销;三河市双峰印刷装订有限公司印刷
2020年10月第1版,2020年10月第1次印刷
787mm×1092mm　1/16;8.25印张;193千字;121页
28.00元

冶金工业出版社　投稿电话　(010)64027932　投稿信箱　tougao@cnmip.com.cn
冶金工业出版社营销中心　电话　(010)64044283　传真　(010)64027893
冶金工业出版社天猫旗舰店　yjgycbs.tmall.com
(本书如有印装质量问题,本社营销中心负责退换)

前　言

由于钢铁冶金生产设备规模大、运行成本高，生产现场存在高温、煤气、高压电等危险因素，且钢铁企业要求学生生产实习时只能看而无法近前操作等，难以达到好的实践教学效果。这一难题一直困扰着冶金教育工作者。"钢铁大学"网站提供了包括高炉炼铁、转炉炼钢、电炉炼钢、二次精炼、连续铸钢和热轧等工序的虚拟冶金训练模块，学生可以通过各模块对钢铁生产全流程进行虚拟仿真训练，加深对钢铁生产过程的理解和认识，提高分析和解决工程问题的能力。将网络虚拟炼钢引入实践教学，以虚促实、虚实结合，可以明显改善冶金工程专业实践教学的效果。

本书旨在引导学生通过对网络虚拟炼钢系统中的各冶炼模块进行模拟训练，加深对钢铁冶金生产主要设备和工艺流程的认识，初步掌握各工序原料特点、配料计算和冶炼参数的设置与调整原则，结合钢铁生产基本原理，分析、总结冶炼成本的影响因素，达到降低生产成本的目的。本书涵盖了高炉炼铁、转炉炼钢、电炉炼钢、二次精炼以及连续铸钢5个模块，详细介绍了各模块的基本原理、冶炼工艺要点和成本优化方案。

本书由武汉科技大学王炜教授、朱航宇副教授、周进东讲师、宋明明副教授、曹玉龙博士后和方庆博士后编著，其中第1章由王炜和朱航宇编写，第2章由周进东和王炜编写，第3章由朱航宇编写，第4章由曹玉龙和王炜编写，第5章由宋明明和王炜编写，第6章由方庆编写。

本书在编写过程中，得到了单位领导和同行专家的关心与支持，同时也参阅了相关文献，在此，向支持的领导、专家和文献作者表示衷心的感谢！

由于编者水平所限，书中疏漏之处，敬请各位同行、专家、读者批评指正，以便进一步修订完善。

编　者

2020 年 8 月

目　　录

1 绪　　论

1.1　网络虚拟炼钢平台简介

网络虚拟炼钢平台是由"钢铁大学"网站所提供，其网址为 https：//steeluniversi-ty. org/。钢铁大学网站不仅提供了钢铁生产长流程中的高炉炼铁、转炉炼钢、炉外精炼、连续铸钢和热轧等工序的虚拟训练系统，还提供了电炉炼钢虚拟训练系统，学生可以通过各模拟系统进行钢铁生产全流程的仿真训练。

网络虚拟炼钢平台具有以下特点：

(1) 使用免费：学生在网上注册账号后，可以登录相关模拟页面，免费使用各模拟系统进行练习。

(2) 简化界面：与实际生产系统不同，网络虚拟炼钢系统对钢铁冶炼过程进行了抽象处理，简化了操作界面。模拟操作只须对关键参数进行设置，即可完成冶炼过程。

(3) 重视成本：每次模拟结果不仅会给出产品质量是否达到预定目标，还会给出各项成本（原料成本及消耗成本等）和生产总成本数据。

(4) 关注环保：在各系统的原料设置中，会给出生产系统中的返回料，鼓励学生在仿真实训过程使用返回料，从而达到降低成本和节能环保的目的。

(5) 关联工序：上一工序的冶炼结果可以导入到下一工序，学生可以深入了解上下工序之间的配合关系，从而对比长流程和短流程炼钢工艺，深入理解不同工艺流程的要点。

需要注意的是：由于虚拟仿真系统是对现实生产的抽象，也存在模型设置与实际情况不符的情形，应辩证地看待这种虚实之间的偏差。

1.2　网络虚拟炼钢大赛简介

国际网络虚拟炼钢大赛是由国际钢铁协会发起、钢铁大学网站承办的钢铁冶金行业唯一的国际技能大赛。自 2005 年以来，每年都举行一次虚拟炼钢大赛，比赛分为企业组和学生组两个级别。武汉科技大学、重庆科技学院、辽宁科技大学等国内高校都曾参加过国际网络虚拟炼钢大赛，武汉科技大学于 2010 年获得国际冠军，其后获得过多次赛区冠军和亚军；辽宁科技大学和重庆科技学院也都获得过国际冠军或赛区冠军的优异成绩；国内主要钢铁企业如宝钢、鞍钢、河钢等都参加过企业组的比赛，并取得较好的成绩。

目前国际网络虚拟炼钢大赛分为两轮，通过第一轮比赛产生赛区冠军，第二轮比赛由各赛区冠军于次年角逐国际冠军。第一轮比赛一般在每年的 11 月份举行，比赛时间持续24 小时。在此期间，参赛选手需在钢铁大学网站上在线模拟给定工序的生产，冶炼出合乎质量要求的产品且成本消耗最低的选手，获得冠军。

1.3　网络虚拟炼钢在实践教学中的应用

目前，全国钢铁行业高校数千工科学生暑假期间需集中去钢企实习，企业作为以生产为主要职责的单位，没有专门指导实习的人员，同时出于经济和安全的考虑，只能安排学生在很短的时间内实习，且多以参观为主，导致学生无法在有限的时间内对需要了解的工序和技术做深入的学习和动手实践。

此外，由于实习指导教师多以年轻教师为主，指导教师本身对于企业的实际生产情况并不十分熟悉，导致在大批学生集中去企业实习的过程中，无法及时有效地给予现场指导。为解决上述问题，当前冶金高校普遍引入虚拟仿真技术，既丰富了实践教学内容，又弥补了当前专业实习受场地、成本、安全等因素制约的缺陷。

将网络虚拟炼钢应用到实践教学中，具有以下几个优势：

（1）可克服目前生产实习中由于不能实际操作所带来的实习效果差的难题，让学生对钢铁生产过程获得更深入的认识。

（2）强化工科学生成本控制意识，为培养复合型人才提供一个可行的方法。网络虚拟炼钢平台所提供的生产模拟系统不仅能够模拟生产过程，还能计算生产成本，可以利用这些网络资源，引导学生探索优化冶金工艺和降低生产成本的方法。

（3）促进学生专业外语水平的提高。网络虚拟炼钢平台是多语言平台，学生可合理使用这些资源，在实际应用中学习外语。

（4）促进创新能力的培养。网络虚拟炼钢以钢铁冶金科学技术为背景，立足于学科前沿，具有一定的应用背景或项目背景，要求学生具有很强的实际动手能力和创新能力。仿真实训的过程就是学生独立分析问题、解决问题的能力得到锻炼和提升的过程，开展虚拟炼钢实训是对学生实施创新教育的过程，实质上是培养学生的创新能力。

（5）培养学生的团队合作意识。在网络模拟炼钢平台上完成整个钢铁生产模拟，需要多人合作，小组内学生分配各自的任务，通过组织和引导学生完成模拟，培养其团队合作意识。

总体上讲，通过网络虚拟炼钢结合现场实习教学，以虚促实，达到以下目标：

（1）深入认识钢铁冶金主要设备的结构、功能和原理，掌握钢铁生产流程主要工序的工艺过程；

（2）能够利用冶金原理和专业知识，进行冶炼参数的设置和调整，分析冶炼结果；

（3）能够利用数学、经济学理论，分析冶炼成本的构成，进行冶炼成本的优化；

（4）能够理解在冶炼过程中使用回收料的意义，通过调整炉渣成分达到设定的回收标准；

（5）通过多人合作，在网络模拟炼钢平台上完成整个钢铁生产模拟，树立团队合作意识；

（6）能够直接利用所学外语界面进行炼钢操作，熟练掌握相关的专业外语知识；

（7）能够指出虚拟系统中与实际生产不相符的地方，并分析其原因，树立评判精神。

2 高炉炼铁

2.1 高炉炼铁简介

炼铁是将铁从矿石等含铁化合物中还原出来，并将其与矿物中的脉石分离的过程。高炉冶炼是获得生铁的主要手段，在现代钢铁联合企业中占据着极为重要的地位。首先，高炉冶炼的生铁是炼钢的原料；其次，高炉冶炼产生的煤气是钢铁联合企业中的二次能源；另外，高炉冶炼还可以消耗掉冶金粉尘等固体废弃物，部分企业还利用高炉喷吹塑料处理城市垃圾。

高炉冶炼是一个连续的生产过程，矿石和焦炭分批从炉顶装入炉内，在高炉内呈有规律的分层分布；从风口鼓入由热风炉加热到 1000~1300℃ 的热风，在风口前燃烧焦炭和煤粉，产生高温煤气。冶炼在炉料自上而下、煤气自下而上的相互接触过程中完成。高温煤气在上升过程中将氧化铁还原成金属铁，实现铁氧分离；同时，携带的热量将还原后的铁和脉石熔化，实现铁与渣的分离。

现代高炉生产过程是一个庞大的生产体系，高炉本体是由耐火材料砌筑的竖立式圆筒形炉体，最外层是由钢板制成的炉壳，在炉壳和耐火材料之间装有冷却设备。现代高炉炉型由炉缸、炉腹、炉腰、炉身和炉喉五段组成，其中炉缸、炉腰和炉喉呈圆筒形，炉腹呈倒锥台形，炉身呈截锥台形。一座有效容积为 $4000m^3$ 的高炉，假定其利用系数为 $2.5t/(m^3 \cdot d)$，每天可生产 $1 \times 10^4 t$ 生铁，消耗铁矿石约 $1.6 \times 10^4 t$、焦炭约 3300t、煤粉约 1800t 和 $1.5 \times 10^7 m^3$ 左右的空气，并产生 3000t 左右的炉渣，$1.9 \times 10^7 m^3$ 左右的高炉煤气。因此，要完成高炉生产，除高炉本体外，还需要有供料系统、炉顶装料系统、送风系统、喷吹系统、煤气净化系统、渣铁处理系统的配合。

2.2 高炉炼铁模拟训练

2.2.1 高炉炼铁模拟训练的目标

高炉炼铁模拟训练的目标为：

(1) 能够描述高炉结构和辅助设备、原燃料特点及工作要求，能熟练讲述高炉炼铁的主要过程；

(2) 能够利用冶金原理和炼铁专业知识，进行冶炼参数的设置和调整，获得合格的铁水，并对冶炼结果进行分析；

(3) 能够利用数学、经济学理论，分析高炉冶炼成本的构成，并进行冶炼成本的优化，降低模拟冶炼成本；

（4）能够根据各种再利用原料的特点，在高炉冶炼过程中熟练运用；

（5）能够指出虚拟系统中与实际生产不相符的地方，进行辩证分析。

2.2.2　高炉炼铁模拟训练的任务

高炉炼铁模拟训练的任务为：

（1）掌握高炉炼铁的原燃料特点，能够根据生产实际对原燃料成分进行合理地调整；

（2）根据模拟要求进行工艺设计与计算，确定合适的装料比例；

（3）运用炼铁理论知识和炼铁专业知识，进行冶炼参数的设置和调整，以获得优秀的技术经济指标和生产出合格的目标铁水，并获得最低的生产成本；

（4）对冶炼过程和结果进行合理评价和分析。

2.2.3　高炉炼铁模拟参数设置与控制原则

2.2.3.1　高炉炼铁模拟界面

进入"钢铁大学"网络平台后，在"PLAY"菜单中选择"Simulations"，然后点击"Blast Furnace Simulation"，进入高炉模拟页面；点击"play"按钮，进入高炉仿真简介页面；选择"START"按钮，进入"Simulation settings"页面，对烧结矿、球团矿、块矿、再利用资源、煤与焦炭和熔剂的成分进行调整；然后点击"Continue"按钮，进入高炉模拟界面（见图 2.1），对原燃料及熔剂的装料比例和各生产参数及生产环境进行设定；当警告数为"0"时，点击"Results"查看模拟结果；当生产效率评价无警告提示时，表示本次模拟结果成果。

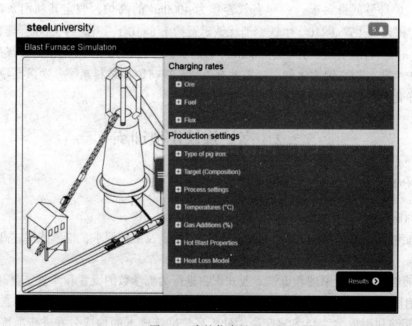

图 2.1　高炉仿真界面

2.2.3.2 高炉原燃料特点与成分调整

高炉炼铁生产的原燃料主要有含铁炉料、熔剂和燃料。

A 含铁炉料

铁矿石是高炉冶炼的主要原料，其质量与冶炼过程及技术经济指标有极为密切的关系。决定铁矿石质量的主要因素是其化学成分、物理性质及冶金性能。高炉冶炼对铁矿石的要求是：含铁量高，脉石少，有害杂质少，化学成分稳定，粒度均匀，具有良好的还原性及一定的机械强度等性能。

目前，高炉生产所使用的含铁炉料主要有天然铁矿石（块矿）和人造富矿（烧结矿和球团矿），同时高炉生产过程中会使用一些钢铁企业产生的含铁"废弃物"，如高炉瓦斯灰、转炉污泥和轧钢氧化铁皮等，以降低生产成本。

a 烧结矿

烧结是将粉状物料（如粉矿和精矿）进行高温加热，在不完全熔化的条件下烧结成块的方法。所得产品称为烧结矿，外形为不规则多孔状。烧结矿一般可分为三种：

（1）酸性烧结矿（$w(CaO)/w(SiO_2)<1.0$），这种烧结矿在入炉冶炼时需要加入一定数量的熔剂；

（2）自熔性烧结矿（$w(CaO)/w(SiO_2)=1.0\sim1.5$），这种烧结矿在入炉冶炼时不需另加熔剂；

（3）高碱度烧结矿（$w(CaO)/w(SiO_2)>1.5$），这种烧结矿在入炉冶炼时可代替部分或全部熔剂，通常要与块矿或酸性球团配合使用。

目前很少生产酸性烧结矿，主要生产自熔性烧结矿或高碱度烧结矿，在我国以生产高碱度烧结矿为主。高碱度烧结矿一般呈致密块状，大气孔少，气孔壁厚，熔结较好，且具有强度高、还原性能好、低温还原粉化率低、软熔温度高等特点。

b 球团矿

球团矿是将细磨铁精矿在加水润湿的条件下，通过造球机滚动造球，再经干燥、焙烧固结而成的球形含铁原料。球团矿一般可分为酸性氧化性球团、自熔性球团和白云石熔剂性球团三种，在我国高炉生产中主要采用 $w(CaO)/w(SiO_2)<0.4$ 的酸性氧化性球团，它通常与高碱度烧结矿配合作为高炉的炉料结构。

酸性球团的粒度在 9~15mm，矿物主要为赤铁矿，一般铁含量大于 60%，FeO 含量小于 1%，SiO_2 含量为 2%~6%，硫含量低，其他杂质总含量小于 4%，单个球的抗压强度大于 2000N。

球团矿铁分高，堆积密度大，增加高炉料柱的有效重量；粒度小而均匀，又呈球状，在高炉内的堆角较其他原燃料都要小（24°~27°），易于滚动，容易发展中心气流；但球团矿的热膨胀粉化率高，一般高炉生产要求其膨胀率小于 20%，以保证生产顺行。

c 块矿

块矿是天然富铁矿石，经破碎和筛分后，直接供高炉使用。块矿相比于球团矿，其最大优势是价格低廉，但物理和冶金性能较差，如在运输和处理过程中产生大量粉末；由于水分蒸发，在高炉炉身上部出现爆裂；还原粉化性能和还原性都较差；熔化温度低等。

d 再利用原料

再利用原料（Reverts）是钢铁厂各工序生产过程中产生的含铁量较高的固体废弃物，如烧结粉尘、高炉瓦斯灰、转炉污泥和轧钢氧化铁皮等，这些原料粉尘量大，如果不加以利用，既浪费了有限的资源，又污染了环境，不符合当前国家的环保政策。这些含铁粉尘的组成和特性因生产工艺不同差别很大，烧结粉尘含有较多的铁、CaO、MgO 和碱金属（K 和 Na），以及少量的碳；高炉瓦斯灰中含有较多的铁、碳和锌；转炉粉尘含有较多的铁、CaO、MgO 和锌；轧钢氧化铁皮主要成分是铁的氧化物。将含有 K、Na 和 Zn 较高的钢铁粉尘用于高炉生产，会在高炉中循环富集，给高炉生产带来一系列的危害，因此，在高炉生产中需要控制此类再利用原料的使用量。

e　含铁炉料成分调整

对铁矿石的成分进行调整时，需考虑以下几点：

（1）铁矿石的品位。铁矿石的品位即铁矿石的含铁量。品位越高，脉石越少，冶炼时渣量就越少，相应地熔剂和燃料的消耗也就越少。

（2）脉石。矿石中除铁氧化物以外的物质统称脉石。脉石的成分对高炉冶炼的影响很大，因为即使品位相同，脉石成分不同，矿石的冶炼价值也不同。矿石中的 SiO_2 含量越高，则需要加入的熔剂量越多，随之引起渣量增加，焦比升高和产量下降，并给高炉操作带来困难。矿石中 CaO 含量高而 SiO_2 含量低，即使用碱度高的铁矿石时，冶炼过程中可不加或少加熔剂。矿石中 MgO 含量会影响炉渣的性能，适量的 MgO 能改善炉渣的流动性和增加其稳定性，一般炉渣中保持 6% ~ 8% 的 MgO 有利于高炉冶炼操作；但是，炉渣中 MgO 过高会降低其脱硫能力和流动性。Al_2O_3 在高炉渣中为中性氧化物，炉渣中 Al_2O_3 含量小于 15% 时能够改善炉渣的稳定性，有利于高炉操作；但过高的 Al_2O_3 会使炉渣黏度增大，流动性变差。

（3）有害元素。由于矿石中有害元素（如 As、Pb、Zn、碱金属（K、Na）等）会给高炉冶炼带来危害；有些元素（如 P、S 等）会给后续炼钢带来不便或影响最终产品的性能。因此，要求矿石中有害元素的含量尽量低。

B　熔剂

由于造渣的需要，高炉配料中常加入一定数量的助熔剂，简称熔剂。其在高炉冶炼过程中的主要作用是：

（1）与矿石中的脉石和焦炭灰分生成熔点低和流动性好的炉渣，达到渣铁分离，并顺利流出炉缸；

（2）造成一定数量具有一定脱硫能力的炉渣，并控制硅还原，达到改善生铁质量的目的。

根据矿石中脉石和焦炭灰分等成分的不同，高炉冶炼使用的熔剂可分为碱性、酸性和中性熔剂三种：

（1）当矿石中脉石主要为碱性氧化物时，可加入酸性熔剂，如石英（SiO_2）、橄榄石（主要成分 Mg_2SiO_4 和 Fe_2SiO_4）、均热炉渣（主要成分为 $2FeO \cdot SiO_2$）及含酸性脉石的铁矿等。其生产中使用量较少，只有在某些特殊情况下才考虑加入。

（2）中性熔剂如 Al_2O_3 含量高的铝矾土和黏土页岩，在生产上极少采用。

（3）当矿石脉石含酸性氧化物时，通常加入碱性熔剂石灰石（$CaCO_3$）和白云石（$CaCO_3 \cdot MgCO_3$）等。

　　对熔剂的成分调整时需保证所加熔剂的有效成分含量要高，硫、磷含量要低。例如，石灰石（Limestone）要求所含的 CaO 含量要高，白云石（Dolomite）要求所含的 CaO 和 MgO 的含量高，硅石（Silica）要求所含 SiO_2 含量高，橄榄石（Olivine）要求所含 MgO 和 SiO_2 含量高。

　　C　燃料

　　燃料是高炉冶炼不可缺少的基本原料之一。目前，我国高炉燃料多为焦炭和喷吹煤粉。

　　a　焦炭

　　焦炭是高炉冶炼的主要燃料，在冶炼过程主要起到发热剂、还原剂、料柱骨架和渗碳剂的作用。随着高炉喷煤技术的应用和风温水平的提高，焦炭作为发热剂、还原剂和渗碳剂的作用相对减弱，而料柱骨架的作用却越来越重要，因此要求焦炭的机械强度要高（高的抗碎强度（M_{40}）和低的耐磨强度（M_{10}）），粒度要合适、均匀和稳定，高温性能要好（希望反应性 CRI 低些和反应后强度 CSR 高些）等，具体参数见表 2.1。

表 2.1　焦炭质量变化对高炉生产的影响

焦炭组成及性能	焦炭质量变化	高炉燃料比	利用系数	生铁产量
机械强度	M40，+1.0%	−5.0kg/t	+4.0%	+1.5%
	M10，−0.2%	−7.0kg/t	+4.0%	+4.0%
组成	灰分，+1.0%	+（1.0%~2.0%）	（渣量+2.0%）	−（2.0%~2.5%）
	硫分，+0.1%	+（1.5%~2.0%）		−（2.0%~5.0%）
	水分，+1.0%	+（1.1%~1.3%）		−5.0%
高温性能	CSR，+1.0%	−（5.0%~11.0%）		
	CRI，+1.0%	+（2.0%~3.0%）		
粒度	<5mm，+7.0%	+1.6%		

　　在模拟过程中，对焦炭成分进行调整时，须注意以下几点：

　　（1）含碳量（C）高。焦炭含碳量越高，发热量就越大，还原剂越多，越有利于降低焦比。

　　（2）灰分（A_{sh}）低。灰分对焦炭质量的影响很大，灰分高，则固定碳含量降低，并且焦炭的耐磨强度也将降低。灰分中酸性氧化物 SiO_2 和 Al_2O_3 的含量占 75%~80%。灰分增加，熔剂消耗量就会增加，渣量增大，焦比升高。

　　（3）硫、磷杂质少。一般条件下，高炉冶炼过程的硫有 80% 是由焦炭带入的。焦炭硫含量升高，则炉渣碱度应适当提高以改善脱硫，故石灰石用量增加，渣量增大，焦比升高，进而带入更多的硫，从而造成恶性循环。所以，焦炭含硫量越低越好。焦炭中一般含磷较少。

　　（4）水分。焦炭水分的波动会引起焦炭重量的波动，致使高炉焦炭负荷波动。水分过高，焦粉会粘附在焦块上被带入高炉，所以要求焦炭水分稳定在较低水平。

　　b　煤粉

　　高炉经风口喷吹煤粉是节焦和改进冶炼工艺最有效的措施之一，不仅可以代替日益紧缺的焦炭，而且有利于改进冶炼工艺：

（1）扩展风口前的回旋区，缩小呆滞区；

（2）降低风口前的理论燃烧温度，有利于提高风温和采用富氧鼓风，特别是富氧喷煤技术，在节焦和增产两方面都能取得非常好的效果；

（3）可以提高 CO 的利用率，提高炉内煤气含氢量，改善还原过程。

喷吹煤粉主要是无烟煤和烟煤，也可喷吹褐煤或焦粉。其中无烟煤挥发分低，可磨性和燃烧性差，但发热量高；而烟煤挥发分高，可磨性和燃烧性好，但发热量低。因此，大多数厂采用混煤喷吹，扬长避短，实现经济最佳化。

高炉喷吹煤粉要求硫及灰分低，燃料中可燃性碳、氢及其化合物的数量要多，水分要低。

另外须注意的是，在模拟设定中，焦炭和煤粉的成分要求 C、S、O、H_2O、H_2O_{free}、A_{sh}、Volatile、H_2、N_2 的含量之和为 100%，灰分中 Al_2O_3、CaO、FeO、MgO、SiO_2 和 P_2O_5 的含量之和为 100%。

2.2.3.3 高炉配料

A 合理的炉料结构

高炉生产所用的烧结矿、球团矿和块矿三种炉料各有优缺点，且目前还没有一种理想的矿石能完全满足现代高炉强化冶炼的需要，因此，如何对三种炉料进行科学搭配，构成合理的炉料结构，使得高炉冶炼的技术经济指标达到最佳状态，就变得十分重要。

20 世纪 50 年代以前，高炉的含铁原料基本上是以天然块矿为主，以后逐渐转向烧结矿和球团矿。世界上不同地区、不同企业，由于铁矿资源、高炉操作技术和炼铁成本的不同，高炉炉料结构区别也较大。亚洲主要产钢大国如中国、日本、韩国等铁矿资源不足，主要从澳大利亚和南美洲等地进口粉矿，而进口粉矿易于生产烧结矿，不适合生产球团矿，因此以烧结矿为主体炉料结构，多数炉料结构中高碱度烧结矿占 80%，其余为球团矿或块矿。北美地区由于分离铁矿物与脉石需要磨得极细，适合生产球团矿，因此主要以自熔性球团矿为主，辅以少量的高碱度烧结矿或酸性球团矿，甚至选用 100% 球团矿作为高炉炉料。欧洲地区炉料结构差别较大，有些高炉使用高比例的球团，甚至达到了 100%；有些高炉则以烧结矿为主要原料；块矿用量各高炉变化很大，很多高炉的块矿比例高于 20%，有少数高炉的块矿比例达 30%。其他国家，如俄罗斯高炉炉料结构为 74% 的烧结矿 +22% 的低碱度烧结矿或自熔性球团矿 +4% 的天然块矿，是熟料比较高的国家；澳大利亚具有得天独厚的资源优势，高炉炉料中主要是高碱度烧结矿和天然块矿（>27.2%）。

我国高炉的炉料结构主要有三种：

（1）高碱度烧结矿配加部分酸性球团矿，其中酸性球团矿用量比例为 20%~30%，如鞍钢、济钢、杭钢等；

（2）高碱度烧结矿配加部分块矿和酸性球团矿，其中球团矿占比为 5%~10%，块矿为 10%~16%，如宝钢、包钢、安钢等；

（3）酸性球团矿配加少部分高碱度烧结矿，国内只有个别企业炉料结构中的球团矿配比达到了 50%。

采用合理的炉料结构可以改善高炉透气性，保证炉况顺行，降低焦比、增大煤比、提高产量，从而降低成本。炉料结构可依据以下原则进行优化：

（1）以高碱度烧结矿为主；

（2）炉料具有较高的综合入炉品位，这不但可以促进富氧、大喷煤等强化冶炼方法的实行，而且可以减少冶炼的渣量，也有利于提高高炉利用系数、降低焦比，从而降低生铁成本；

（3）高碱度烧结矿和酸性炉料合理搭配；

（4）尽可能多的配用进口天然块矿。天然块矿具有品位高、杂质少，并且天然块矿的价格低于烧结矿和球团矿，是最经济的原料；

（5）高炉内不直接加入熔剂，所有高炉需要的熔剂都应在烧结矿或球团矿中加入，以提高高炉的生产效益和降低消耗。

B　焦比

高炉每昼夜焦炭消耗量 Q_k 与每昼夜生铁产量 $P(t)$ 之比，即冶炼每吨生铁消耗的焦炭量，称为焦比。随着高炉大型化、高富氧、大喷煤、高风温等技术不断进步，焦比呈现逐步降低趋势。焦比的设定原则是在满足高炉正常冶炼需求的条件下，最大限度地降低焦炭的用量以降低生产成本。因此需要综合考虑以下因素：

（1）焦炭自身条件，如成分、机械强度、粒度和高温性能等；

（2）原料条件，如矿石成分、熔剂及用量等；

（3）操作水平，如铁的直接还原度、风温、喷煤量和富氧等。

在考虑以上各因素对焦比影响的同时，了解目前高炉生产实际，为模拟优化提供依据，见表2.2。

表2.2　中国钢铁协会会员单位高炉技术经济指标

项目	燃料比 /kg·t⁻¹	焦比 /kg·t⁻¹	煤比 /kg·t⁻¹	风温 /℃	入炉矿品位 /%	熟料率 /%	利用系数 /t·(m³·d)⁻¹
2019 年	528.47	355.59	145.29	1147.47	57.85	84.72	2.59
2018 年	526.68	358.44	143.50	1132.09	57.63	86.68	2.58
先进值	494.46	290.92	189.16	1243.83	60.17	99.99	4.10
落后值	591.65	448.13	83.47	906.72	50.80	77.35	2.11

C　煤比

每冶炼1t生铁需向高炉喷吹的煤粉量（kg/t），称为煤比（表2.2）。高炉喷煤是现代高炉冶炼大幅降低焦比和炼铁成本的重大技术措施，因其能创造巨大的经济效益而得到迅猛发展。煤比的增加原则是既提高生铁产量又降低燃料消耗量，但过分增加煤比会给高炉生产带来不利影响，如热风温度得不到相应补偿；不增加富氧时，会造成煤粉不完全燃烧，产生过多的未燃煤粉，影响其利用率和引起高炉难行。因此，煤比的提高需要考虑煤种（成分）、风温和富氧等因素。同时，了解目前高炉生产实际，也可为模拟优化提供依据。

D　配料计算

在钢铁大学网站提供的高炉模块中，针对不同容积的高炉，可根据表2.3确定生产指标，进行配料计算。值得注意的是，在装料比例（Charging rates）中，各原料的输入参数是一批料的用量。

表 2.3 生产效率的评价指标

项目	容积/m³	正常	良好	很好
利用系数/t · (m³ · d)⁻¹	<1000	2~3	3~4	4~4.5
	≥1000	2~2.3	2.3~2.8	2.8~3.2
焦比/kg · t⁻¹		450~550	350~450	250~350
煤比/kg · t⁻¹		<100	100~160	≥160
燃料比/kg · t⁻¹		570~650	500~570	440~500
热风温度/℃		900~1050	1050~1200	1200~1250
矿石中的铁含量/%		52~55	55~58	≥58
能量利用系数/%		75~85	85~90	≥90
碳能量利用系数/%		48~56	56~60	≥60

a 确定产量

根据有效容积 $V_{有}$ 和利用系数 η_v 可得到一昼夜的生铁量

$$P = \eta_v V_{有}$$

b 确定一批料的用量

一批料可生产生铁的量为

$$m_{Fe} = \frac{P}{24n}$$

其中，n 为每小时的加料批数。

所需要的含铁炉料中的含铁量为

$$m_{Fe} \times \frac{w[Fe]}{a}$$

其中，$w[Fe]$ 为铁水中 Fe 的含量，一般取 95%；a 为铁的收得率，高炉冶炼过程中会有 1% 左右的铁存在于炉渣中，因此，a 一般取 99%。

c 确定焦炭和煤粉的用量

根据式（2-1）可得到一批料的焦炭用量为 $m_{Fe}K$（kg），根据式（2-2）可得到一批料的煤粉用量为 $m_{Fe}M$（kg）：

$$K = \frac{Q_k}{P} \qquad kg/t(生铁) \tag{2-1}$$

$$M = \frac{Q_M}{P} \qquad kg/t(生铁) \tag{2-2}$$

d 确定各含铁炉料的用量

首先需计算混合炉料的品位 $w(TFe)$，用式（2-3）进行计算：

$$w(TFe) = \sum_{i=A}^{E} w(TFe)_{Si} a_i + \sum_{i=A}^{E} w(TFe)_{Pi} b_i + \sum_{i=A}^{E} w(TFe)_{Li} c_i \tag{2-3}$$

式中，$w(TFe)_{Si}$ 为第 i 种烧结矿的品位；a_i 为第 i 中烧结矿在炉料结构中所占的比例；

$w(\mathrm{TFe})_{\mathrm{P}i}$ 为第 i 种球团矿的品位；b_i 为第 i 中球团矿在炉料结构中所占的比例；$w(\mathrm{TFe})_{\mathrm{L}i}$ 为第 i 种块矿的品位；c_i 为第 i 中块矿在炉料结构中所占的比例；其中 $\sum\limits_{i=A}^{E}a_i+\sum\limits_{i=A}^{E}b_i+\sum\limits_{i=A}^{E}c_i=1$。

在钢铁大学网站提供的高炉模块中的装料比例中，可以从 5 种烧结矿中选择 1 种烧结矿，从 5 种球团矿中选择 2 种球团矿，从 5 种块矿中选择 2 种块矿加入高炉。

得到混合炉料的品位 $w(\mathrm{TFe})$ 后，可以得到一批料中含铁炉料的加入量 $m_{\text{总}}$：

$$m_{\text{总}} = \frac{P}{24n} \times \frac{w[\mathrm{Fe}]}{a} \times \frac{1}{w(\mathrm{TFe})} \times 1000(\mathrm{kg}) \tag{2-4}$$

各种含铁炉料的用量可以用各自在炉料结构中所占的比例求得。

2.2.3.4 渣铁

生铁是铁和碳、硅、锰等元素的合金，并含有少量的磷和硫，同时也含有铬、钛、钒等微量元素。生铁按化学成分和用途可分为炼钢生铁和铸造生铁。炼钢生铁中的碳主要以碳化铁的形态存在，这种生铁坚硬而脆，几乎没有塑性，是炼钢的主要原料。铸造生铁中的碳以片状的石墨形态存在，它具有良好的切削、耐磨和铸造性能。

SiO_2 是很难还原的化合物，铁水中的硅是在高温区经过直接还原得到的。由于炉渣中的 CaO 与 SiO_2 结合成硅酸钙而阻碍 SiO_2 的还原，因此冶炼铸造生铁时，采用酸性炉渣比用碱性渣更有利于硅的还原，而且能降低焦比。总之，硅的还原条件是提高炉缸温度和采用酸性炉渣。

目前高炉冶炼低硅炼钢生铁，其硅含量在 0.3%~0.5% 之间，甚至更低。冶炼低硅炼钢生铁，对于高炉冶炼来说，可以提高高炉利用系数、提高产量、减少燃料消耗、降低炼铁成本，同时也是改善铁水质量的重要途径。资料显示，铁水中硅含量每降低 0.1%，高炉可增产 0.5%~0.7%，燃料比降低 4~8kg/t，并且有利于炉况顺行、稳定；对于后续炼钢来说，降低铁水中的硅含量可减少渣量和铁耗，缩短冶炼时间，获得较高的经济效益，同时，低硅也是铁水脱磷的必要条件。

炉缸所具有的温度水平反映了高炉内热量收入和支出的平衡状况，其温度过热和过冷，都影响到高炉的顺行。它一般可用铁水和熔渣温度来表示。铁水温度通常在 1400~1550℃ 之间，主要受料速、炉料与煤气热流比、风口前理论燃烧温度以及炉缸热损失的影响。铁水温度的高低影响着铁水成分（如 C、Si 和 S 等）、流动性和稳定性等。

渣是由炉料中的脉石物质、焦炭和煤中的灰分以及熔剂组成，主要为 SiO_2、MgO、CaO 和 Al_2O_3 四个成分。从脱硫和顺行角度出发，选择炉渣的流动性、稳定性以及软熔带的温度区间都能满足高炉冶炼需要的炉渣组分。炼钢生铁将碱度控制在 1.05~1.2 之间，可确保炉渣的流动性和稳定性，对脱硫、排碱及冶炼低硅生铁均有好处；而铸造生铁碱度一般控制在 0.9~1.05 之间，有利于硅的还原。

2.2.3.5 生产参数

A 有效容积

高炉有效容积是高炉零料线至出铁口中心线之间所包含的容积。当前高炉正向着大型化发展，大型化高炉具有高冶炼强度、高富氧喷煤比和长寿命等操作优势，并能够提高生产效率和使生铁成本趋于合理。但也不能一味地追求高炉大型化，需要综合考虑自身条件和装备水平。表2.4给出了不同有效容积高炉的设计利用系数、焦比和燃料比。

表 2.4　不同有效容积高炉的设计利用系数、焦比和燃料比

有效容积/m^3	1000	2000	3000	4000	5000
利用系数/$t \cdot (m^3 \cdot d)^{-1}$	2.0~2.4	2.0~2.35	2.0~2.3	2.0~2.3	2.0~2.25
燃料比/$kg \cdot t^{-1}$	≤520	≤515	≤510	≤505	≤500
焦比/$kg \cdot t^{-1}$	≤360	≤340	≤330	≤310	≤310

B　下料速度

下料速度不仅影响着高炉的生产效率，还对高炉内煤气流分布和炉料顺行有着重要的影响。在实际生产中主要体现为装料制度（即上部调剂），如料线高度、批重大小、装料顺序和布料。在模拟过程中，主要通过装料速度（每小时批次）来控制批重的大小，设定范围为6~10批/h。批重是指一批料的质量，一批料中矿石的质量称为矿批，焦炭的质量称为焦批。矿批必须与冶炼强度、喷煤量相适应，如欲使冶炼强度提高、风量增加、中心气流加大，就必须适当扩大矿批；冶炼强度不变时，喷煤量增加，炉缸煤气体积和炉腹煤气速度增加，促使中心气流发展，需要适当扩大矿批，抑制中心气流。

C　直接还原率

所谓直接还原率，是以直接还原方式得到的金属铁量与还原反应得到的总铁量之比：

$$r_d = \frac{通过直接还原反应得到的铁量（Fe_直）}{由直接、间接和 H_2 还原得到的铁的总和（Fe_{生铁}）} \tag{2-5}$$

高炉内冶炼每吨生铁需要的总热量主要消耗于直接还原反应的吸热和熔化渣铁并使之过热所需要的热量。高炉的热收入主要来自风口前燃料（焦炭和煤粉）的燃烧和鼓风带入炉缸的物理热。因此，降低直接还原度，可降低高炉炼铁的燃料比（或焦比）。目前高炉炼铁的直接还原度（r_d）在0.4~0.6之间。稳定高炉操作，减少炉况波动，提高铁矿石的还原性，富氧喷吹烟煤等措施，都能降低铁的直接还原度。

2.2.3.6　鼓风参数

送风制度是指在一定的冶炼条件下，确定合适的鼓风参数和风口进风状态，控制适宜的炉腹煤气量，以达到煤气流初始分布合理、炉缸工作均匀活跃、炉况稳定顺行的目的。其中鼓风参数主要有风量、风温、风压、湿度、喷吹量和富氧率等。

A　鼓风温度

鼓风温度对高炉冶炼过程的影响，主要是直接影响到炉缸温度，并间接地影响到沿高炉高度方向上温度分布的变化，以及影响到炉顶温度水平。由于提高风温会导致炉缸温度升高、上升煤气的上浮力增加而不利于顺行，因此不能一味追求高风温。在高风温条件下，可用喷煤量来调节炉温，风温越低，提高风温时降低焦比的效果越明显；反之，风温逐渐提高，降低焦比的效果逐步减小。

B　富氧率

大喷煤操作后，煤粉置换比逐渐下降，使得燃料比升高。这是由于随喷煤量的增大，

没有足够的氧气，使得煤粉燃烧率下降，未燃煤随煤气流吹出高炉。因此，进行喷煤操作应同时采用富氧鼓风。

富氧鼓风是往高炉鼓风中加入工业氧，使鼓风含氧量超过大气含量。富氧鼓风对高炉冶炼的影响为：

（1）富氧鼓风后，由于风中氧含量提高，因而冶炼每吨生铁需要的风量减少，若富氧后冷风总流量保持不变，则富氧后冶炼强度提高；

（2）富氧鼓风可提高煤气还原势，降低直接还原度；

（3）富氧鼓风后，风中 N_2 含量降低和 $t_{理}$ 的提高，大大加快了碳的燃烧过程。这会导致风口前燃烧带的缩小，引起边缘气流的发展。

C　鼓风湿度

鼓风湿分在风口前分解为 CO 和 H_2 等还原性气体，需要消耗大量的热量，使高炉理论燃烧温度降低，并可能造成高炉换热恶化，引起炉况不顺。但鼓风湿分在降耗上起到一定的作用，如水分分解后可发展炉内的间接还原，提高高炉的煤气利用率；并且鼓风中适当的水分会减少炉内高温区高耗热元素硅的直接还原，降低铁水的硅含量；湿分还会影响高炉炉顶煤气温度，影响炉顶煤气带走的显热。因此，鼓风湿度应控制在适宜的范围内。

D　压力

风压是煤气在高炉内料柱阻力和炉顶压力的综合表现，因此风压间接地表示高炉料柱透气性变化。在正常炉况时，风压是随着风量的增减而增减的，但料柱透气性恶化，则风压增高而风量减少，或炉温向凉时，风量增加而风压降低。在对风压进行选择时，可以参考表 2.5 中数据。

表 2.5　不同容积高炉所需风压参考数据

炉容/m³	5000	4000	2500	2000	1500	1000	620	255
料柱阻力损失/kPa	150~170	150~170	140~160	140~150	130~140	110~130	100~110	65~85
炉顶压力/kPa	250~300	250	150~250	150~250	100~150	100~150	62~120	25~80

2.2.3.7　煤气参数

（1）炉顶煤气温度。炉顶煤气温度是高炉操作的重要参考指标，它是高炉煤气流的分布状态和高炉炉况进程的表观指标，直接反映着煤气流与炉料之间的热交换的程度，反映了煤气利用率的好坏。在模拟中，炉顶煤气温度可设置在 100~400℃。一般情况下，在相同炉顶温度下，燃料比随煤气利用率的提高而降低；在相同煤气利用率下，燃料比随炉顶温度的降低而降低。

（2）C/CH_4 比。C/CH_4 比是指氢气反应生成甲烷的 C 的百分比，高炉中碳的默认值是 1%。

（3）H_2。H_2 表示煤气中 H_2 的利用率。在 810℃以上，H_2 的还原能力大于 CO，且 H_2 的密度和黏度都低于 CO，可以扩散到微孔隙中进行间接还原，从而加快还原速率，发展间接还原而降低直接还原度。但 H_2 的利用率过高，会在高炉下部区域与炭素溶损反应一起促使焦炭结构的破坏，严重时会产生较多的碎焦或焦粉，恶化料层透气性，增加悬料等的危险。

2.2.3.8　环境参数

（1）环境温度。环境温度是高炉周围的空气温度，环境温度的高低将影响冷却器的冷却效果和炉壳的寿命，其设定范围为 0~50℃。

（2）铁矿石温度。铁矿石温度是加入炉内时的温度，铁矿石温度的高低影响着高炉热量的输入，温度高炉料在炉内吸收的热量少，可减少燃料的消耗，其设定范围为 0~300℃。

2.2.3.9　热损失模型参数

测量高炉热损失非常复杂，因此，要实现热平衡的评价，模拟中提供了两种不同的方法来估计热损失：

（1）自由热损失模型。在此方法中，热损失计算为传入热量和传出热量之间的差值。为了评价能源利用，热损失的比例必须在合理范围内，如 5%~7%。否则需要改变计算参数。

（2）固定热损失模型。使用这种方法意味着热损失固定到一个假设值，如热量传入的 7%。为了平衡传入和传出的热量，原料重量或其他操作参数需要进行调整，以减少热量的误差。

2.2.3.10　模拟结果评价

A　热平衡和物料平衡评价

物料平衡即输入物料量与输出物料量是否达到平衡，主要考虑的因素见表2.6。

表 2.6　物料平衡计算参数（生产 1t 铁水）　　　　　　　　　　（kg）

输入物料	混合矿	焦炭和小块焦	煤粉和块煤	熔剂	风	自由水	合计 M_{in}
输出物料	铁水	炉渣重量	炉顶煤气	炉顶煤气中的水分		粉尘	合计 M_{out}

注：输入物料中风的重量根据风中氧含量、燃烧区燃烧的碳的重量来计算，然后用风的密度获得风重量。

物料平衡用 E_{mass} 进行评价：

$$E_{mass} = \frac{M_{in} - M_{out}}{M_{in}} \times 100\% \tag{2-6}$$

模拟中要求物料平衡误差 E_{mass} 小于 2%。

热平衡即输入热与输出热是否达到平衡，主要考虑的因素见表 2.7 所示。热平衡用 H_{mass} 进行评价：

$$H_{mass} = \frac{H_{in} - H_{out}}{H_{in}} \times 100\% \tag{2-7}$$

在模拟中，对于生产炼钢生铁，要求 $H_{mass} = 3\% ~ 8\%$；对于铸造生铁，$H_{mass} = 6\% ~ 10\%$。

表 2.7 热平衡计算参数 (kJ)

<table>
<tr><td rowspan="2">输入热量</td><td>碳的氧化</td><td>热风</td><td>氢的氧化</td><td colspan="3">炉渣形成产生的热量</td><td colspan="3">物料带入的热量</td><td>合计 H_{in}</td></tr>
<tr><td></td><td></td><td></td><td colspan="3"></td><td colspan="3"></td><td></td></tr>
<tr><td rowspan="2">输出热量</td><td>氧化物的分解</td><td>碳的分解</td><td>水分分解</td><td>自由水蒸发</td><td>煤的分解</td><td>铁水</td><td>炉渣</td><td>炉项煤气</td><td>热量损失</td><td>合计 H_{out}</td></tr>
<tr><td></td><td></td><td></td><td></td><td></td><td></td><td></td><td></td><td></td><td></td></tr>
</table>

B 生产效率的评价

为了比较和评估不同高炉的生产效率和成本，使用了一些钢铁行业常用的指标，如有效容积利用系数、焦比、煤比、燃料比、热风温度，以及如上所述的现有能源和碳能源利用系数。在高炉模拟中，根据一些钢铁生产企业公布的指标，上述这些参数被评估并分为三个层次：正常、良好和很好，如表 2.3 所示。

2.2.4 高炉模拟冶炼实例

进入“钢铁大学”网站高炉炼铁模块，进行模拟练习。

A 模拟设置

在模拟设置选项中，提供了烧结矿、球团矿、块矿、再利用资源、燃料（焦炭和煤粉）和熔剂（石灰石、白云石、二氧化硅和橄榄石）的成分与价格。对于初学者，无须对各物料的成分进行调整。

B 高炉模拟

（1）在“装料比例”中的“ore”设定环节，选择“烧结矿 A”37028kg，“球团矿 A”14811kg，“块矿 A”22217kg，其他矿石原料设定均为零；

（2）在“装料比例”中的“燃料”设定环节，选择“焦炭 2”16190kg，“煤 2”4762kg，其他燃料设定均为零；

（3）在“装料比例”中的“熔剂”设定环节，所有熔剂都设定为零；

（4）在“生产设定”中将“煤气增加（%）”中的“富氧”设定为 2%，将“热风性能”中的“湿度”设定为 13g/Nm^3；

（5）除了以上特殊说明外，其他设定均为系统默认设定。

C 结果反馈

点击“结果”查看“导出成分”“热平衡和物料平衡结果”和“Charging Results”。

在结果“Charging Results”中有任何红色项目时，表示模拟不成功，需要进一步对各参数进行优化，如图 2.2 所示。

“物料平衡误差高于 2%”的原因主要是：

（1）操作参数与煤粉用量不匹配，造成煤粉未有得到充分利用，使得物料损失大，特别是大量使用煤粉，即煤比过大时，会造成物料平衡误差高；

（2）富氧量过大；

（3）使用的原料质量差，在高炉内形成的粉末多，造成物料平衡误差高。

“热损失高于 8%”的原因主要是热量过剩，可降低燃料比或降低风温。一般出现热损失过高时，如果燃料比过高，应该降低燃料比，可同时降低焦比和煤比，也可单独降低焦比或煤比；如果燃料比已控制在较低水平，此时可以适当降低风温，或在物料平衡误差不超过 2% 的前提下，采取增加煤粉用量、减少焦粉用量的方式，降低输入热量。

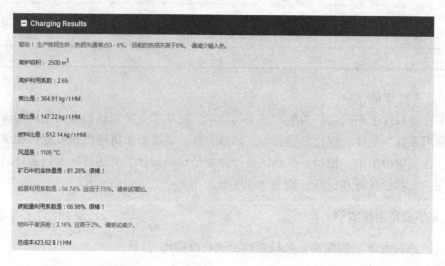

图 2.2　不成功模拟产生的反馈结果实例

对参数优化后，得到如图 2.3 所示的结果反馈，表示已成功完成了模拟。

图 2.3　成功模拟产生的反馈结果实例

2.2.5　高炉炼铁模拟训练报告的要求

在国际网络炼钢高炉炼铁中，针对某一容积或几个不同容积的高炉，通过配料计算和对炉料成分、炉料结构、喷煤、风温、生铁硅含量和煤气利用率等参数的优化，最终以获得优秀的技术经济指标生产出合格的目标铁水，并达到最低的铁水生产成本为结束。

完成模拟训练后，对成本优化过程进行分析总结，撰写报告，其要求如下：

（1）报告中要求记录不少于三次模拟过程，其中至少有两次为成功模拟结果，且最后一次应为前几次模拟优化后的最好结果。记录中需详细记录图 2.1 中原燃料和熔剂的用量以及 "Production settings" 中优化的参数值，并将模拟结果进行截图。

（2）所记录的几次模拟过程，要体现出某一因素或多个因素对高炉生产指标影响的好坏。

（3）结合所学专业知识对三次成功的模拟结果进行分析，找出降低炼铁生产成本的影响因素，并总结其对炼铁成本的影响规律。

2.2.6 高炉炼铁模拟训练评分标准

（1）基本要求（合格）

1）根据指导教师的具体要求完成模拟过程，并有三次模拟结果显示为成功；

2）撰写报告，并按高炉炼铁模拟训练报告的要求（1）对模拟过程和结果进行了详细介绍，可获得基准分60分；若不满足，则判定为不及格。

（2）能力提高（优秀）

1）满足（1）的要求。

2）能够按照高炉炼铁模拟训练报告的要求（2）和（3），对成本优化过程进行理论分析，并给出降低成本的有效途径；

3）反馈结果中，"高炉利用系数""焦比""煤比"和"燃料比"等指标同时显示为优秀。

在满足上述要求的基础上，按冶炼成本高低决定模拟过程的优劣。具体评分标准见表2.8。

表2.8 高炉炼铁虚拟仿真实训报告成绩评分表

分项	分值	得分	评 分 等 级
冶炼设备和工艺流程描述	20	16~20	对高炉结构和辅助设备、原燃料特点及要求、高炉冶炼原理及工艺过程叙述全面且深入，所述内容正确
		11~15	对高炉结构和辅助设备、原燃料特点及要求、高炉冶炼原理及工艺过程叙述有一定描述，所述内容基本正确
		0~10	实训报告内容对冶炼设备和工艺流程描述不完整，所述内容错误较多
过程描述及结果分析	40	30~40	对高炉冶炼基本操作制度进行了详细地的描述，模拟过程中主要参数设置和调整有理论支撑，对模拟过程中的现象和所得结果理论分析合理，能有效降低炼铁生产成本
		20~30	对高炉冶炼基本操作制度有简单描述，模拟过程中主要参数设置和调整有一定依据，对模拟过程中的现象和所得结果理论分析较为合理
		0~20	实训报告仅简要介绍了模拟操作过程和结果
实训体会	20	17~20	实训报告能体现冶金生产与社会、节能环保的关系，实训过程体会与感受深刻
		11~16	实训报告能较好体现冶金生产与社会、节能环保的关系，实训过程体会与感受较深刻
		0~10	实训报告未体现冶金生产与社会的关系，实训过程体会与感受简单

分项	分值	得分	评 分 等 级
报告撰写格式	20	16~20	实训报告语言流畅、错别字少、格式规范、图文结合好
		11~15	实训报告语言较生涩、错别字较少、格式较规范、图文结合较好
		0~10	实训报告语言不流畅、错别字多、格式不规范、图文结合较差
合计	100	——	

2.3 精料对高炉冶炼影响的模拟分析

所谓精料，即原料的品位高、有害杂质少，化学成分稳定，能达到自熔，强度高，粉末少，粒度均匀，块度合适，还原性好，具体工作就落实在"高、熟、净、稳、匀、小"六字方针上。精料不仅是高炉炼铁的基础，也是炼铁技术进步最基础的技术保障。在高炉模拟中，精料的运用主要体现在对炉料成分的调整上。

精确掌握各种入炉物料的化学成分，是进行合理配料的前提。在实际生产中，由于难以做到全分析，以及分析仪器精度、人为误差等因素引起各组成的百分含量之和不为100%，因此，有必要对物料成分进行调整。

在高炉模块的模拟设定中，操作者可根据自己的冶炼需求，对每种物料中的所有成分进行调整。每种物料成分的调整都需要结合现场实际，否则不应进行大的改动。该系统可接受的总成分范围为98%~102%。

2.3.1 精料算例分析

在高炉炼铁模块中，模拟容积为3000m³高炉生产炼钢生铁过程，要求：炉料结构为70%烧结矿+14%球团矿+16%块矿，每小时批次为7次，得到技术经济指标：高炉有效利用系数不小于3.0t/(m³·d)，焦比不大于340kg/tHM，煤比不小于100kg/tHM。并通过调整含铁原料成分降低生产成本。

模拟操作过程如下。

A 配料计算

根据题意，并参照表2.3中的指标，假设高炉有效利用系数为3.2t/(m³·d)，焦比为340kg/tHM，煤比为100kg/tHM。本例炉料结构为70%烧结矿A+14%球团矿C+16%块矿A。利用式（2-1）~式（2-4）可初步计算得到：烧结矿A用量为63671kg；球团矿C用量为12734kg；块矿A用量为14553kg；焦炭2用量为19485kg；煤粉2用量为5714kg。

B 调整生产环境参数

调整目标硅含量为0.50%；工作容积为3000m³；富氧为2%；直接还原率为40%；湿度为16g/Nm³；其他生产环境参数不变。模拟结果见表2.9中结果（1）。结果中物料平衡误差大于2%，模拟不成功，须进行优化。

C 结果优化

对焦炭2用量和煤粉2用量进行调整，使得燃料比达到最低440kg/tHM，保证使用最多的煤粉和最少的焦炭，并达到模拟结果成功。经调整后，焦炭 2 用量为 19490kg；煤粉 2 用量为 5688kg，其他参数不变，其结果见表 2.9 中结果（2）。

　　D　调整含铁原料成分

本例中用调整含铁原料成分来说明精料在高炉炼铁中的重要性，采用改变烧结矿中 Fe_2O_3 与 FeO 含量和改变含铁炉料品位（含铁量）两种方式进行说明。

　　a　方式一

（1）将烧结矿 A 中的 Fe_2O_3 的含量从 77.25% 降到 75.82%，FeO 含量从 5.75% 增加到 7.04%，使得烧结矿 A 中总的含铁量保持 58.55% 不变，在其他参数相同的情况下，焦炭 2 的用量需调整到 19928kg，煤粉 2 用量需调整到 5258kg，才能保证最佳结果；但煤比较低，仅为 92.95kg/tHM。其结果见表 2.9 中结果（3）。

（2）将烧结矿 A 中的 Fe_2O_3 的含量从 77.25% 增加到 78.68%，FeO 含量从 5.75% 降到 4.46%，使得烧结矿 A 中总的含铁量保持 58.55% 不变，在其他参数相同的情况下，焦炭 2 的用量最低为 19055kg，煤粉 2 用量最大可达 6115kg。其结果见表 2.9 中结果（4）。

　　b　方式二：

（1）将球团矿 C 中的 Fe_2O_3 的含量从 91.81% 增加到 93.24%，品位增量 1%，同时将水含量（H_2Ofree）从 3.50% 降到 2.07%，使得球团矿 C 中总成分含量 99.95% 保持不变，在其他参数相同的情况下，焦炭 2 的用量需调整到 19404kg，煤粉 2 用量需调整到 5773kg。其结果见表 2.9 中结果（5）。

（2）将块矿 A 中的 Fe_2O_3 的含量从 91.93% 增加到 93.36%，品位增量 1%，同时将水含量（H_2Ofree）从 2.47% 降到 1.04%，使得块矿 A 中总成分含量 100.53% 保持不变，在其他参数相同的情况下，焦炭 2 的用量需调整到 19454kg，煤粉 2 用量需调整到 5784kg。其结果见表 2.9 中结果（6）。

（3）同时将球团矿 C 和块矿 A 的品位增加 1%，并调整水分含量，保持各自的总成分含量不变，在其他参数相同的情况下，焦炭 2 的用量需调整到 19367kg，煤粉 2 用量需调整到 5870kg。其结果见表 2.9 中结果（7）。

表 2.9　精料示例模拟结果

项　目	结果（1）	结果（2）	结果（3）	结果（4）	结果（5）	结果（6）	结果（7）
高炉有效容积/m³	3000	3000	3000	3000	3000	3000	3000
高炉利用系数/t·(m³·d)⁻¹	3.13	3.13	3.13	3.13	3.13	3.13	3.13
焦比/kg·tHM⁻¹	339.36	339.45	347.06	331.89	337.96	338	336.49
煤比/kg·tHM⁻¹	101.02	100.56	92.95	108.11	102.06	102.01	103.52
燃料比/kg·tHM⁻¹	440.38	440.01	440.01	440	440.02	440	440.01
风温/℃	1105	1105	1105	1105	1105	1105	1105
矿石中的含铁量/%	60.26	60.26	60.26	60.26	60.26	60.27	60.27
能量利用系数/%	87.76	87.79	87.64	87.94	87.94	87.86	88
碳能量利用系数/%	75.93	87.79	75.64	76.41	76.05	76.06	76.15
物料平衡误差	>2.00%	无	无	无	无	无	无
总成本/$·tHM⁻¹	411.83	411.78	414.50	409.08	411.25	410.70	410.16

E   结果分析

图 2.4 显示了相同冶炼条件下，改变烧结矿中 FeO 含量对高炉生产指标的影响。从图中可知，烧结矿中 FeO 含量升高，焦比上升，而煤比降低，相应地冶炼成本升高。例如，烧结矿中 FeO 含量从 4.46% 升高到 7.04%，焦比从 331.89kg/tHM 提高到 347.06kg/tHM，煤比从 108.11kg/tHM 降低至 92.95kg/tHM，总成本从 409.08 \$/tHM 提高到 414.50 \$/tHM。

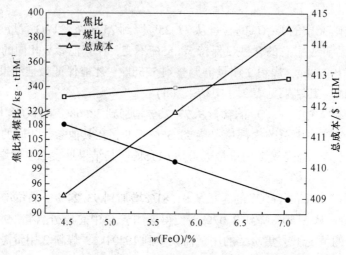

图 2.4   烧结矿中 FeO 含量对高炉生产指标的影响

烧结矿中 FeO 的质量分数是评价烧结生产的一项重要综合性指标，它不仅影响烧结生产的工序能耗，而且影响炼铁生产的增铁降焦。降低烧结矿中 FeO 含量，意味着还原性能较差的橄榄石、硅酸铁及 Fe_3O_4 等的矿物含量减少，而还原性能好的赤铁矿和铁酸钙等矿物相应增加。但烧结矿中的 FeO 含量不能过低，会恶化低温还原粉化性、冷强度及烧结矿合理粒度组成等。因此，当原料和工艺条件不变时，有一个烧结矿 FeO 含量的适宜值。

图 2.5 显示了相同冶炼条件下，分别增加球团矿、块矿或同时增加球团矿和块矿品位

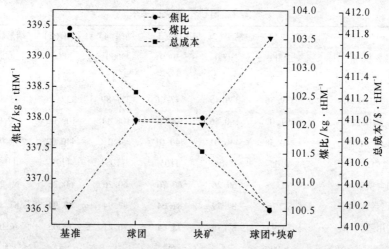

图 2.5   采用不同方式提高含铁炉料品位对生产指标影响的比较

的方式增加炉料品位对生产指标影响的比较。从图可知，增加球团矿或块矿的品位都能使炼铁成本降低，例如球团矿品位增加1%，成本可降低0.53 \$/tHM；而块矿品位增加1%，炼铁成本可降低1.08 \$/tHM。虽然含铁炉料中球团矿的比例仅比块矿少2%，但炼铁成本的降低幅度仅为块矿的50%。从图2.5中可以发现，炼铁成本的降低主要是提高球团矿或块矿的品位，可以增加替代焦炭的煤粉用量，但是球团品位提高1%，煤粉用量提高85kg/批料，焦炭用量减少86kg/批料；而块矿的煤粉用量虽提高了96kg/批料，但焦炭用量仅减少了36kg/批料，说明消耗燃料所用的成本，球团矿比块矿少，与前面的炼铁成本相矛盾。

单独提高球团矿品位或块矿品位，都能增加含铁炉料中品位，即含铁炉料的各物料用量不变，但所含的铁量增加。如果增加的铁量都被冶炼成了生铁，即可以增加产量，因此，对不同方式提高品位对生铁产量的进行比较，结果如图2.6所示。从图中可以看出，提高球团矿的品位，虽然炉料中的铁含量增加，但产量却略有降低，从3252270.18tHM/a降到了3252239.65tHM/a；块矿的产量增加比较明显，从3252270.18tHM/a提高到了3260217.48tHM/a，增加了7947.3tHM/a。由此可见，增加原料的品位，不一定能够增加产量。

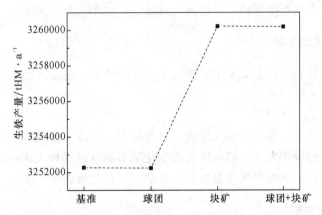

图2.6　提高球团、块矿和球团与块矿品位对生铁产量的比较

从以上分析可知，提高球团矿品位降低炼铁成本的原因，主要是能够增加替代焦炭的煤粉用量，并且对产量提高不利。提高块矿品位降低炼铁成本，是增加替代焦炭的煤粉用量和增加产量的综合作用引起的。

从图2.5和图2.6中还可以看出，同时提高球团矿和块矿的品位1%，成本可降低1.62\$，煤粉用量提高182kg/批料，焦炭用量减少123kg/批料，产量增加7916.41tHM/a。进一步说明了提高含铁原料的品位，可以降低高炉炼铁的生产成本。

2.3.2　精料模拟报告

报告按要求对模拟操作过程进行详细记录，并对"精料"操作中的某一因素或多个因素对高炉生产指标的影响进行分析，并结合所学理论知识对其进行解释。

2.3.3　精料模拟评分标准

按高炉炼铁模拟训练评分标准，如在报告中能够体现"精料"操作中的某一因素或多个因素对高炉生产指标的影响进行分析，并在反馈结果中获得的多个指标显示为优秀，可依据总成本高低进行评分或判为优秀。

2.4　综合鼓风对高炉冶炼影响的模拟分析

在一定的冶炼条件下，选择合理的鼓风参数（风温、风压、湿度、富氧、喷煤量等）及风口尺寸，以获得良好的炉缸状态以及合理的煤气流初始分布，并根据炉况变化对这些参数进行调节，以达到稳定炉况和改善煤气利用的目的。

高炉正常冶炼所需的炉缸温度和热量，保证液态渣铁充分加热和还原反应的顺利进行，需要适宜的理论燃烧温度。合理送风就是选择适宜的理论燃烧温度。如果理论燃烧温度过高，高炉的压差升高，导致高炉热难行；过低则渣铁温度不足，有产生炉凉的危险。风温、风压、湿度、富氧、喷煤量等鼓风参数都影响着理论燃烧温度，增加富氧和风温可提高理论燃烧温度，而增加湿度和喷煤量会降低理论燃烧温度。因此，选择合适的鼓风参数是保证高炉顺行和降低炼铁成本的重要途径。提高风温，可为高炉提供充足的条件，为降低焦比和提高喷煤量提供保障，从而降低炼铁生产成本。

2.4.1　综合鼓风算例分析

在2.3.1精料算例分析表2.9中结果（4）的基础上，通过调整鼓风参数进一步降低炼铁生产成本。

模拟操作过程为：

在高炉炼铁模块中，提供了热风温度、热风压力、湿度、富氧和喷煤量等参数的调节窗口，但根据前期预模拟发现，热风压力的变化基本对炼铁操作无影响，因此，本例只对热风温度、湿度、富氧和喷煤量等参数进行调节，以优化炼铁生产成本。

2.4.1.1　模拟操作

按2.3.1节精料算例分析中的步骤（A）～（D）得到表2.9中结果（4）。在湿度为16g/Nm³的条件下，改变热风温度为1100℃、1200℃和1250℃，由于燃料比已经达到最低限度，只改变热风温度，不能增加煤粉量来替换焦炭量，因此总成本的变化，主要是由热风温度变化造成的成本变化。例如，在冶炼条件一定时，热风温度从1100℃提高到1250℃，炼铁总成本从408.65 \$/tHM升高到了409.95 \$/tHM，说明提高热风温度会造成炼铁成本的增加。此外，当热风温度达到1250℃时，模拟结果中会警告目前的热损失高于8%，说明高炉内热量已过量。

2.4.1.2　综合鼓风参数优化

（1）在2.4.1.1小节基础上，将湿度降低到14g/Nm³，比较热风温度为1100℃、1150℃、1200℃和1250℃时的炼铁生产成本。湿度降低后，如果不对其他参数进行调节，模拟结果中的物料平衡误差会达到2.04%，说明煤粉用量过多。由于燃料比已经达到最低限度，只能降低煤粉用量和增加焦炭用量。在湿度为14g/Nm³时，煤粉用量需从6115kg/批料降到5789kg/批料，焦炭用量需从19055kg/批料提高到19387kg/批料。在此模拟过程中，当热风温度达到1250℃时，模拟结果中仍会警告目前的热损失高于8%。

（2）在2.4.1.1小节基础上，将湿度分别提升到18g/Nm³和20g/Nm³，比较热风温度为1100℃、1150、1200和1250℃时炼铁生产成本，其过程与（1）相同。当湿度超过18g/Nm³后，热风温度达到1250℃时，不再警告热损失过高，说明增加煤粉用量可以降低炉热。

2.4.1.3 结果分析

在高炉炼铁模块中，提高湿度是降低物料平衡误差的重要手段，也是提高物料收得率和降低炼铁成本的手段之一。富氧与喷煤量是互为条件、互为依存的，例如在模拟过程中，喷煤量增加到一定程度，不增加富氧，系统会警告"促进喷煤燃烧的增氧不足，请降低喷煤率或增加吹氧率"；如果喷煤量一定时，增加的富氧过多，很容易造成模拟结果中物料平衡误差超过2%的限度。

图2.7显示了相同冶炼条件下，综合鼓风（风温、湿度、喷煤量和富氧）对高炉炼铁生产成本的影响。从图2.7（a）中可知，当湿度一定时，炼铁成本随风温的提高而增加，这是由于热风温度的提高，使得鼓风成本增加，且仅改变风温对喷煤量是没有影响的，因此炼铁成本随风温的改变而波动。从图2.7（a）中还可以看出，当风温一定时，炼铁成本随湿度的增加而降低，这是由于在风温一定时，增加湿度可以减小物料平衡误差，即提高高炉物料的收得率。此外，增加湿度还可以提高喷煤量，即可用更多的廉价煤粉替代昂贵的焦炭。例如湿度从 14g/Nm³ 增加到 20g/Nm³，煤比从 102.34kg/tHM 提高到 116.13kg/tHM，如图2.7（b）所示。

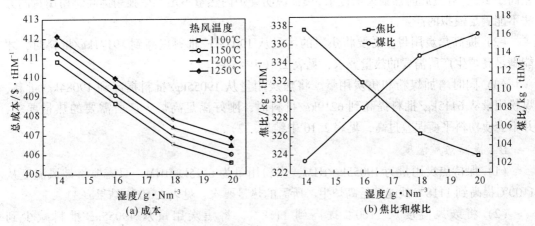

图2.7 综合鼓风对高炉炼铁生产成本的影响

在高炉炼铁过程中，提高鼓风温度和喷煤量都是降低生产成本的重要手段，但是从以上模拟过程中没有体现出提高鼓风温度降低生产成本的优势。提高鼓风温度和喷煤量实际都与高炉内的热量有关，提高鼓风温度使得带入高炉的物理热增加，为降低燃料提供基础；而在焦比不变或降低的情况下，提高喷煤量降低了风口前的理论燃烧温度。对此，在2.3.1精料算例分析表2.9中结果（4）的基础上，将直接还原度提高到47%，热风温度降到1100℃，湿度提高到20g/Nm³，使得高炉内热量不足，如图2.8所示。下面采取两种方法对其进行热量补充。

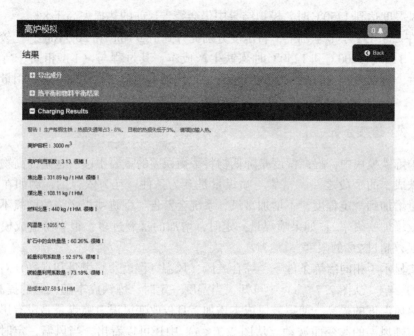

图 2.8　高炉模拟结果

A　提高燃料比

（1）提高煤粉用量。当煤粉用量从 6115kg/批料提高到 6172kg/批料时，物料平衡误差高于 2%，并且此时热损失仍低于 3%，说明高炉内热量不足。单独用提高煤粉用量的方法不能满足模拟的需要。

（2）提高焦炭用量。需要将焦炭的用量从 19055kg/批料提高到 19171kg/批料时，才能满足高炉生产所需要的热量要求，见表 2.10 中结果（1）。

（3）同时增加煤粉和焦炭用量。将焦炭用量从 19055kg/批料提高到 19084kg/批料，煤粉用量从 6115kg/批料提高到 6219kg/批料时，刚好满足高炉生产所需要的热量要求，并不会使物料平衡误差过高，见表 2.10 中结果（2）。

B　提高热风温度

（1）保持焦炭用量为 19055kg/tHM，煤粉用量为 6115kg/tHM，只需要将鼓风温度从 1100℃提高到 1118℃就能满足高炉生产所需的热量要求，见表 2.10 中结果（3）。

（2）将鼓风温度从 1100℃提高到 1118℃，将焦炭用量从 19055kg/批料减少到 19034kg/批料，煤粉用量从 6115kg/批料提高到 6136kg/批料时，可以满足高炉生产所需的热量要求，见表 2.10 中结果（4）。

表 2.10　综合鼓风示例模拟结果

项　目	结果（1）	结果（2）	结果（3）	结果（4）
高炉有效容积/m³	3000	3000	3000	3000
高炉利用系数/t·(m³·d)⁻¹	3.13	3.13	3.13	3.13
焦比/kg·tHM⁻¹	333.9	332.39	331.89	331.52

项　目	结果（1）	结果（2）	结果（3）	结果（4）
煤比/kg·tHM^{-1}	108.11	109.95	108.11	108.48
燃料比/kg·tHM^{-1}	442.01	442.34	440	440.01
风温/℃	1055	1055	1073	1073
矿石中的含铁量/%	60.26	60.26	60.26	60.26
能量利用系数/%	92.73	92.73	92.75	92.76
碳能量利用系数/%	72.93	72.93	73.18	73.18
物料平衡误差	无	无	无	无
总成本/ \$·tHM^{-1}	408.71	408.24	407.72	407.59

在高炉冶炼过程中出现热量不足的情况下，可采取提高燃料比和热风温度的方式来补充热量，两者对高炉炼铁生产指标影响的比较，如图 2.9 所示。从图中可以看出，在热量不足的情况下，采用提高燃料比补充热量时的生产成本，高于提高热风温度补充热量时的生产成本。同时，采用提高燃料用量的方式时，单独提高焦炭用量的方式补充热量生产成本最高。如果用廉价的煤粉替代部分焦炭，虽然燃料比最高，但生产成本相对于单独提高焦炭用量时要低。可见，采用提高热风温度的方式时，不仅能有效补充热量，还可以获得较低的燃料比，降低生产成本。

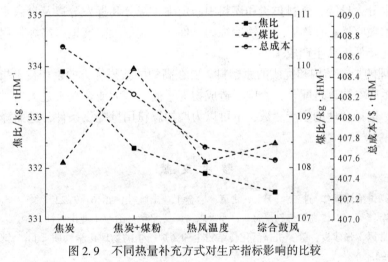

图 2.9　不同热量补充方式对生产指标影响的比较

2.4.2　综合鼓风模拟报告和评分标准

（1）模拟报告。报告按要求对模拟操作过程进行详细记录，并对"综合鼓风"操作中各因素对模拟操作和高炉炼铁生产指标的影响进行分析，并结合所学理论知识对其进行解释。

（2）评分标准。按高炉炼铁模拟训练评分标准，如能在报告中体现"综合鼓风"操作中各因素对模拟操作和高炉炼铁生产指标的影响，且对其进行分析，并在反馈结果中获得的多个指标显示为优秀，可依据总成本高低进行评分或判为优秀。

2.5　成本优化分析

高炉生产是一个复杂而庞大的生产体系，为了实现高效节能和低碳低成本生产，需要始终坚持以精料技术为基础方针，不断优化操作制度。精料方针是高炉稳定顺行的根本，也是提升高炉冶炼技术水平的基础。合理的操作制度是高炉稳定顺行的保障，而高炉炉况的稳定顺行是最大程度地节能降耗和低碳生产。高炉每次波动都会导致燃料和能源消耗增加，产量下降。

高炉炼铁模块为模拟高炉生产提供较为齐全的原燃料成分、炉料结构和生产参数优化窗口，但由于高炉生产的复杂性，在模块中并没有考虑原燃料的冶金性能和体现高炉生产状况（是否顺行），因此，模拟过程降低炼铁生产成本主要靠炉料结构优化和精料（原燃料成分优化）以及合理地选择生产参数，最大限度地提高煤粉用量和降低焦炭用量：

（1）含铁炉料在炼铁成本构成中占主要地位，其混合料品位和价格直接影响炼铁成本的高低。三种含铁原料中，块矿的品位高且价格最低，但物理和冶金性能较差，限制了其用量；球团矿的品位高价格适中，冶金性能好，但热膨胀粉化率高，限制了其用量；烧结矿作为三种矿中唯一的碱性物料，虽然品位低价格高，但冶金性能好，且可减少入炉碱性熔剂的用量，是高炉炼铁含铁炉料中的主要组成。

（2）在高炉炼铁模拟中，精料的运用主要体现在对炉料成分的调整。含铁原料中铁的存在形式、水分含量等，燃料焦炭和煤粉中固定碳、灰分和挥发分以及自由水含量等，都影响着煤粉的喷吹量。在不影响生铁冶炼的条件下，应最大限度地提高煤粉用量和降低焦炭用量，以此降低炼铁生产成本。

（3）合理的炉料结构和优质的原燃料，要在高炉中获得优秀的生产技术指标，还需要选择合理的生产参数进行配合，否则会造成物理平衡误差大或热损失过大或过小，而达不到模拟要求。选择合理的生产参数，也可以为增加煤粉用量提供条件，进而降低炼铁生产成本。

参 考 文 献

［1］侯向东. 高炉冶炼操作与控制［M］. 北京：冶金工业出版社，2016：9-22.

［2］马丁戈德斯，等. 现代高炉炼铁［M］. 沙永志，译. 北京：冶金工业出版社，2016：22-68.

［3］吴胜利，常凤，张建良，等. 机械活化烧结粉尘和高炉粉尘的物理化学性质［J］. 钢铁，2017，52（4）：84-93.

［4］谢泽强，郭宇峰，陈凤，等. 钢铁厂含锌粉尘综合利用现状及展望［J］. 烧结球团，2016，41（5）：53-56.

［5］宋阳升. 世界炼铁技术发展的回顾与展望［J］. 炼铁，1998，17（4）：1-5.

［6］杜鹤桂. 国外高炉炼铁的技术进步［J］. 炼铁，1999，18（1）：1-5.

［7］唐先觉. 日本高炉炉料结构的新进展［J］. 中国冶金，2005，15（3）：7-10.

［8］N. Ponghis. Reduction of Blast Furnace Coke Rate-Coal Injection［A］，ICSTI/Ironmaking conference proceddings［C］，1998：365-369.

［9］万新. 炼铁厂设计原理［M］. 北京：冶金工业出版社，2011：51-54.

［10］冯燕波. 龙钢高炉低硅铁水冶炼研究［D］. 西安：西安建筑科技大学，2007.

［11］ 朱仁良，朱锦明，李军．大型化高炉的发展状况与探讨［J］．世界钢铁，2010，(5)：33-39.

［12］ 王文青．论鼓风脱湿对高炉冶炼的影响和意义［J］．冶金动力，2018，216 (2)：53-55.

［13］ 梁南山．鼓风湿度对涟钢 7 号高炉实际影响的探讨［J］．涟钢科技与管理，2020，(1)：36-39.

［14］ 杨建中．浅谈高炉炉顶温度的控制［J］．河北冶金，2013，208 (4)：32-35.

［15］ 邹忠平，谢皓，王刚．高炉炉顶温度偏低的原因及解决途径［J］．炼铁，2017，36 (1)：50-53.

［16］ 张宗旺，李燕．喷吹富氢燃料对高炉原料性能的影响［C］//中国金属学会．第十二届全国炼铁原料学术会议论文集，第十二届全国炼铁原料学术会议，银川，2011：203-208.

［17］ 郑修悦．烧结矿 FeO 含量与冶金性能的关系［J］．武钢技术，1984，(6)：21-27.

［18］ 戴树平，周雷．FeO 含量对烧结矿矿物组成和显微结构的影响［J］．金属世界，2011，(6)：32-34.

［19］ 邱家用，张建良，国宏伟，等．高炉风口燃烧带理论燃烧温度计算的研究［C］．第九届中国钢铁年会论文集，中国北京，2013：1-7.

［20］ 王春梅，周东东，徐科，等．高炉理论燃烧温度模型的修正［J］．炼铁，2018，37 (3)：11-14.

［21］ 杨天钧．坚持精料方针提高高炉操作水平实现高效节能、安全环保、低碳低成本炼铁［C］．2014年全国炼铁生产技术会暨炼铁学术年会，河南郑州，2014：1-14.

［22］ 朱仁良，王天球，王训富．高炉优化操作与低碳生产［J］．中国冶金，2013，23 (1)：31-35.

3 转炉炼钢

3.1 转炉炼钢简介

所谓炼钢，就是将铁水、废钢等冶炼成具有所要求化学成分的钢，需要完成去除杂质（硫、磷、氧、氮、氢和夹杂物）、调整钢液成分和温度三大任务。转炉炼钢是当前最主要的炼钢生产方法，它以铁水、废钢、铁合金为主要原料，向熔池中吹入氧气，依靠 C、Si 等元素的氧化热提高钢水温度，是一种不借助外加能源，靠铁液本身的物理热和铁液组分间化学反应产生的热量完成炼钢过程的方法，其冶炼节奏快，一般在 25~35min 内完成一次炼钢。

转炉冶炼过程由一系列操作构成：上一炉出完钢后，加改质剂调整炉渣黏度，溅渣护炉后倒完残余炉渣，然后堵出钢口，加入底石灰，以减缓废钢对炉衬的冲击；倾炉，加废钢、兑铁水，摇正炉体；然后降枪开吹，同时加入第一批渣料（起初炉内噪声较大，从炉口冒出赤色烟雾，随后喷出暗红的火焰；3~5min 后，硅锰氧化接近结束，碳氧反应逐渐激烈，炉口的火焰变大，亮度随之提高；同时，渣料熔化，噪声减弱）；3~5min 后加入第二批渣料继续吹炼（随吹炼进行钢中碳逐渐降低，约 12min 后火焰微弱，停吹）；倒炉，测温、取样，并确定补吹时间或出钢；出钢，同时进行脱氧合金化。

转炉是装铁水和废钢的容器，也是熔炼的反应器。转炉炉体由炉壳、托圈、耳轴和耳轴轴承座四部分组成。另外，转炉炼钢还需要转炉倾动机构、熔剂供应系统、铁合金加料系统、供氧系统、OG 系统、钢包及钢包台车、渣罐及台车等辅助系统。

3.2 转炉炼钢模拟训练

3.2.1 转炉模拟训练的目标

转炉模拟训练的目标为：

（1）能够描述转炉的结构、功能和原理，能熟练描述转炉炼钢的主要过程；

（2）能够利用冶金原理和炼钢专业知识，进行冶炼参数的设置和调整，获得合格的钢水，并对冶炼结果进行分析；

（3）能够利用数学、经济学理论，分析转炉冶炼成本的构成，并进行冶炼成本的优化，降低模拟冶炼成本；

（4）了解各种回收料的特点，能够调整炉渣成分达到设定的标准；

（5）能够指出虚拟系统中与实际生产不相符之处，进行辩证分析。

3.2.2 转炉模拟训练的任务

转炉模拟训练的任务为：

（1）完成给定钢种的冶炼，出钢量、钢水成分、温度等指标达到给定标准；

（2）渣成分达到给定标准，掌握渣成分的调整方法；

（3）降低冶炼成本到较低水平；

（4）对冶炼过程和结果进行合理评价和分析。

3.2.3 转炉炼钢模拟参数设置与控制原则

3.2.3.1 转炉炼钢模拟界面

转炉炼钢模拟界面包含模拟预设置和模拟训练两部分。

模拟预设值包括用户水平选择、钢种选择、配料设置和铁水温度定义等。待各项参数设置完成后，可进入模拟训练界面。在模拟训练界面下可通过控制氧枪枪位、氧气流量进行吹氧脱碳，通过加入石灰和白云石调整渣的碱度和成分。图 3.1 为转炉模拟炼钢训练界面，图 3.2 为冶炼过程中钢水成分变化曲线、渣碱度及成分变化曲线和碳含量-钢水温度关联图。

3.2.3.2 冶炼钢种分析

转炉炼钢模块包括 4 类钢种，分别为普通建筑钢、TiNb 超低碳钢、输送气体用管线钢和工程钢。4 类钢种各具代表性，各钢种成分要求见表 3.1。

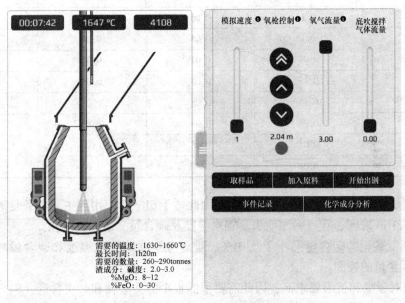

图 3.1 转炉模拟炼钢训练界面

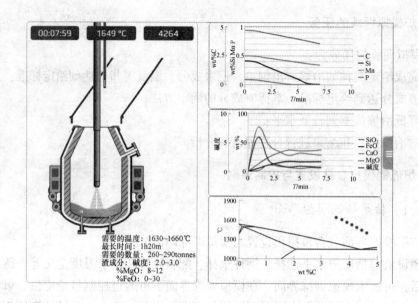

图 3.2　转炉模拟过程钢水成分及渣成分实时变化曲线

表 3.1　转炉模拟 4 类钢种目标成分上限　　　　　　　（%）

元素	建筑钢	超低碳钢	管线钢	工程钢
C	0.1~0.16	0.01	0.08	0.3~0.45
Si	0.25	0.25	0.23	0.4
Mn	1.5	0.85	1.1	0.9
P	0.025	0.075	0.008	0.035
S	0.1	0.05	0.03	0.08
Cr	0.1	0.05	0.06	1.2
Mo	0.04	0.01	0.01	0.3
Ni	0.15	0.08	0.05	0.3
Cu	0.15	0.08	0.06	0.35
N	0.05	0.03	0.018	—
Nb	0.05	0.03	0.018	—
Ti	0.01	0.035	0.01	—

　　建筑钢是要求不高的钢种，工艺简单，因此适于初学者使用。主要任务是确保碳含量在 0.1%~0.16%之间，重点考察吹氧、钢水温度及碳含量三者间的关系。

　　TiNb 超低碳钢的碳含量需小于 0.01%。重点考察吹炼终点温度和碳含量的控制，以及渣中 FeO 含量的控制。

　　管线钢对强度和抗裂要求高，因此需要很低水平的夹杂物和杂质含量（S、P、H、O、N）。

　　工程钢是热处理低合金钢并具有较高的碳含量。选择正确的起始温度，是获得目标温度同时保持碳含量在 0.30%~0.45% 之间的重要保障。

根据所选取的冶炼钢种，除对钢水成分有严格要求外，也对出钢温度、出钢量、冶炼时间、渣成分及碱度等有一定要求，冶炼结束时对以上各条件进行判定。

一般来说，选取的 4 类钢种，出钢量均要求在 260~290t，渣碱度要求在 2~3 之间，MgO 含量要求在 8%~12% 之间，FeO 含量要求低于 30%。对于冶炼时间，建筑钢和超低碳钢要求总时间低于 80min，而管线钢和工程钢要求出钢时间控制在 90min 以内。需要指出的是，由于最终碳含量差别明显，4 类钢种出钢温度均有所不同，建筑钢要求出钢温度在 1630~1660℃ 之间，超低碳钢要求在 1665~1695℃ 之间，管线钢和工程钢出钢温度控制在 1655~1685℃ 之间。图 3.3 为转炉模拟过程 4 类钢种默认设定值和终点要求。

用户的水平 大学生 钢种 建筑用钢 铁水温度 1300℃ 搅拌气体流量 0.1 Nm³/min/tonne	用户的水平 大学生 钢种 超低碳钢 铁水温度 1300℃ 搅拌气体流量 0.1 Nm³/min/tonne	用户的水平 大学生 钢种 管线钢 铁水温度 1300℃ 搅拌气体流量 0.1 Nm³/min/tonne	用户的水平 大学生 钢种 工程用钢 铁水温度 1300℃ 搅拌气体流量 0.1 Nm³/min/tonne	设定值
需要的温度 1630~1660℃ 需要的数量 260~290tonnes 最长时间 1h 20m 渣成分 碱度: 2.0~3.0 %MgO:8~12 %FeO:0~30	需要的温度 1665~1695℃ 需要的数量 260~290tonnes 最长时间 1h 20m 渣成分 碱度: 2.0~3.0 %MgO:8~12 %FeO:0~30	需要的温度 1655~1685℃ 需要的数量 260~290tonnes 最长时间 1h 30m 渣成分 碱度: 2.0~3.0 %MgO:8~12 %FeO:0~30	需要的温度 1655~1685℃ 需要的数量 260~290tonnes 最长时间 1h 30m 渣成分 碱度: 2.0~3.0 %MgO:8~12 %FeO:0~30	终点要求
建筑用钢	超低碳钢	管线钢	工程用钢	

图 3.3 转炉模拟过程 4 类钢种默认设定值和终点要求

3.2.3.3 转炉原料

转炉模拟冶炼所使用原材料包含三类，分别为铁水、废钢和造渣剂。

含铁原料主要有铁水、轻型废钢、重型废钢以及铁矿石。上述原料成分和价格见表 3.2。铁水中碳含量为 4.5%，在吹炼过程中通过吹氧降碳。由于铁水价格较高，模拟训练时，在保证一定铁水量的情况下，尽量多地配入废钢和铁矿石。轻型废钢和重型废钢所含各元素成分一样，但价格不同，原因是重型废钢完全熔化所需时间较长。此外，在配料时也可以加入部分铁矿石，铁矿石含有 99% 的 FeO 和 0.5% 的 CaO。作为含铁原料，铁矿石除能提供一部分铁以外，还具有调节炉渣碱度的作用。需要注意的是，铁矿石价格为 140 \$/t，折算成全铁后价格为 180 \$/t，价格高于废钢。因此在模拟时，尽量考虑多加废钢，在加入足量废钢后，再考虑加入部分铁矿石。

除含铁原料外，在转炉模拟炼钢配料和冶炼过程中，也需加入一部分造渣材料，主要有石灰和白云石。石灰主要用来调节炉渣碱度，白云石用来调节炉渣碱度和渣中 MgO 含量，通过造渣实现脱 P 和脱 S 的目的，这在冶炼管线钢时尤为重要（表 3.3）。

表 3.2   含铁原材料部分元素含量及价格对比

添加剂种类	成　分	成本/\$·t^{-1}
铁水	4.5%C，0.5%Mn，0.4%Si，0.08%P，0.02%S+Fe bal	210
轻型废钢	0.05%C，0.12%Mn，0.015%P，0.015%S，0.06%O，0.003%Ce，0.26%Cr，0.02%Cu，0.14%Mo，0.001%Nb，0.4%Ni，0.001%Sn，0.015%Ti，0.005%V，0.009%W+Fe bal	150
重型废钢	0.05%C，0.12%Mn，0.015%P，0.015%S，0.06%O，0.003%Ce，0.26%Cr，0.02%Cu，0.14%Mo，0.001%Nb，0.4%Ni，0.001%Sn，0.015%Ti，0.005%V，0.009%W+Fe bal	130
铁矿石	99.099%FeO，0.3%Al$_2$O$_3$，0.5%CaO，0.1%MgO，0.001%P	140

表 3.3   造渣剂有效成分及价格

种类	造渣剂各组分/%					价格/\$·t^{-1}
	CaO	MgO	SiO$_2$	P	S	
石灰	94.88	1.8	2.1	0.01	0.01	90
白云石	59.345	38.5	2	0.005	0.15	90

此外，所使用铁水温度可调，调节范围为 1200~1400℃，根据冶炼钢种和配料情况选取不同的铁水温度。底吹氮气流量也是可调节的，调节范围为 0~0.15Nm^3/min。在冶炼过程中底吹流量可随时调节。

3.2.3.4   转炉配料

转炉模拟冶炼开始前的配料操作界面如图 3.4 所示，配料表列出的原材料主要有铁水、

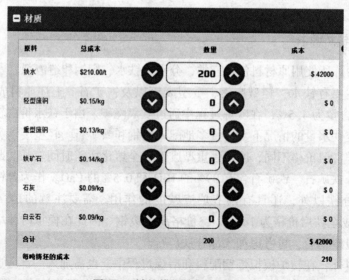

图 3.4   转炉模拟炼钢配料界面

轻型废钢、重型废钢、铁矿石、石灰以及白云石。在配料时，要考虑满足出钢量在 260~290t 时尽量多地使用价格较低的轻型废钢和重型废钢。铁矿石既能提供一部分铁，又有调节渣碱度的功能，但由于渣成分对 FeO 有一定要求，且铁矿石价格折算成全铁价格相对较高，因此在添加铁矿石时要慎重。此外，铁矿石、石灰和白云石在冶炼过程中也可以添加。

3.2.3.5　吹炼过程控制

顶底复吹转炉炼钢工艺包括五大操作制度：装入制度、供氧制度、造渣制度、温度制度、终点控制与出钢合金化。在转炉模拟炼钢吹炼过程中，主要考察枪位、吹氧操作、造渣等，同时须重点关注温度、碳含量以及元素成分变化规律。

A　供氧制度

转炉脱碳、脱磷、硅锰氧化等一系列复杂的氧化反应是通过供氧来完成的。供氧制度就是为了使氧气射流最合理地供给转炉熔池，是整个吹炼的中心环节，直接影响钢水质量、转炉金属收得率和成本。

供氧制度包括喷头结构、供氧强度、氧压和枪位控制。实际吹炼中枪位控制是重点，恒压条件下枪位控制决定了吹炼过程中的炉渣状态，间接影响了转炉吹损，也就是金属收得率。转炉吹炼有三种喷溅，分别是爆发性喷溅、泡沫性喷溅和返干性金属喷溅，其中，泡沫性喷溅和返干性金属喷溅是由于枪位控制不好引起的。

供氧强度为单位时间内每吨钢水的耗氧量。在铁水状态和所炼钢种确定后，提高供氧强度几乎可以等比例地缩短供氧时间，是转炉吹炼速度快慢的标志。供氧强度过大，会造成严重的喷溅；供氧强度过小，则会延长吹炼时间。在不影响喷溅的情况下，可以使用较大的供氧强度。

转炉模拟炼钢结束后，成本核算主要包括铁水价格、添加剂价格（废钢和渣料）以及其他消耗，其中其他消耗包括吹氧量、底吹搅拌气体量、取样费和炉衬损耗等费用。一般在冶炼过程中不取样、冶炼工艺相当，因此其他消耗的价格能部分反映出吹氧量的价格。

B　枪位控制

枪位的变化主要根据不同吹炼时期的冶金特点进行调整。枪位与氧压的配合有三种方式：恒压变枪、恒枪变压和变枪变压。吹炼中枪位过高，氧流对熔池搅拌偏弱，碳氧反应慢，导致（FeO）生成快而消耗慢，（FeO）在炉渣中大量聚集，生成泡沫渣（图 3.5），称为"软吹"。泡沫渣过多，导致转炉发生泡沫型喷溅；吹炼中枪位过低，氧流对熔池搅拌强烈，碳氧反应剧烈，（FeO）生成慢而消耗快，炉渣中的（FeO）越来越少，称为"硬吹"，导致炉渣"返干"。当炉渣不能覆盖金属液面时，金属液滴会从炉口喷溅出来，形成金属喷溅。

转炉模拟炼钢过程中枪位的选择至关重要，可根据工艺要求选择枪位，并且在冶炼过程中也可以实时调整。根据系统设定（见图 3.5），当枪位高于 2.4m 时为高枪位，在高枪位条件下吹氧可以造泡沫渣。一般在冶炼前期造泡沫渣。泡沫渣可以覆盖钢液防止钢液吸气降温，也对保护耐火材料炉衬有积极作用。当枪位在 2~2.4m 时为理想枪位，在理想枪位下，炉渣发泡稳定保持一定液位。当枪位低于 2m 时为低枪位，在此位置炉渣发泡减少，并且会产生钢水喷溅。当枪位低于 1.6m 时，泡沫渣迅速减少（图 3.6）。

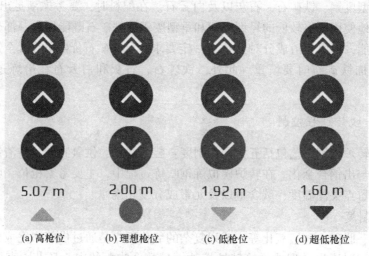

图 3.5　冶炼过程中的四种枪位

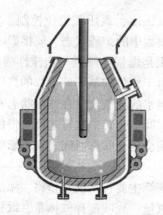

图 3.6　高枪位产生的泡沫渣

　　枪位选择除了影响泡沫渣的成渣速度和稳定性以外，也对熔化废钢有重要影响。根据系统设定，废钢须在 9min 左右熔化完毕，否则无法成渣。对冶炼建筑钢和工程钢而言，由于在配料时会增加轻型废钢和重型废钢，冶炼初期一般会采用低枪位加速熔化废钢，待废钢熔化完毕后，根据工艺需要再调整枪位。

　　C　转炉内各元素氧化规律

　　脱碳反应是转炉炼钢最重要的反应，贯穿转炉吹炼的始终。整个吹炼过程中，即使供氧强度和枪位不变，脱碳反应也是不同的。转炉冶炼经历三个典型的反应阶段，即硅锰氧化期、碳的激烈氧化期和碳的扩散期，如图 3.7 所示。

　　第一阶段：在吹炼的前三分之一阶段大部分硅、锰、磷和部分铁发生氧化，称为硅锰氧化期，此时少量碳氧化；

　　第二阶段：碳的激烈氧化期；碳氧反应为主要反应，约为 0.28%/min；

　　第三阶段：临界碳含量以后，碳的扩散变慢，为限制性环节，碳氧反应变慢，此时以铁的氧化为主；复吹转炉临界碳约为 0.3%。

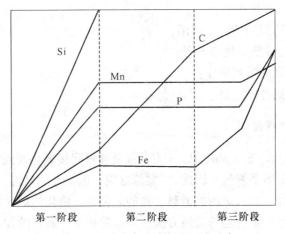

图 3.7　转炉内各元素氧化反应速率

D　温度控制

炼钢中的一个重要任务就是将钢水温度升至出钢温度。转炉炼钢中的温度控制，是指吹炼过程熔池温度和终点钢水温度的控制。过程温度控制的目的，是使吹炼过程升温均衡，保证操作顺利进行；终点温度控制的目的，是保证合格的出钢温度。

吹炼任何钢种对终点温度范围均有一定的要求。出钢温度过低，浇注时将会造成断浇，甚至使全炉钢回炉处理；出钢温度过高，钢中气体和非金属夹杂物增加，炉衬和氧枪寿命降低，甚至造成浇注时漏钢。

E　终点控制

终点控制是转炉吹炼末期的重要操作。终点控制主要是指终点温度和成分的控制，图3.8 所示为转炉模拟出钢操作。

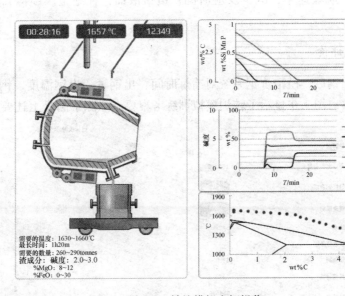

图 3.8　转炉模拟出钢操作

终点控制具体包括 4 项内容：

（1）钢中碳含量达到钢种控制范围；

（2）钢中 P、S 含量低于规格下限；

（3）出钢温度保证能顺利浇注；

（4）氧含量达到钢种控制要求。

3.2.3.6 造渣过程控制

转炉吹炼钢水中，C、Si、Mn、P、S 主要都是通过间接氧化而脱除的，直接脱除钢水中杂质元素的是炉渣而不是氧气，因此，"要炼好钢，就是要炼好渣"。炉渣主要来源于铁水中杂质元素的氧化物、加入炉内的渣料、铁的氧化物、熔化的炉衬等。

造渣过程的控制是确定合适的造渣方法、渣料的种类、渣料的加入数量和时间以及加速成渣的措施，以达到去除磷硫、减少喷溅、保护炉衬、减少终点氧及金属损失的目的。

炉渣碱度是炉渣去除硫、磷能力大小的主要标志。合适的渣碱度应该在 2~3 之间，碱度过低，不利于炉渣的脱磷、脱硫；碱度过高，大大降低炉渣流动性，流动性不好的炉渣脱磷、脱硫效果同样很差。

转炉模拟炼钢过程中除了对渣碱度有要求外，也对渣中 FeO 和 MgO 含量提出了要求。FeO 作用是和 CaO 作为主要反应物进行钢水脱磷；FeO 含量太低，不利于转炉脱磷；FeO 太高，则炉渣流动性太好，不利于维护炉况，同时增加了吹损。MgO 作用是减少炉衬侵蚀。目前转炉使用的炉衬为 Mg-C 砖，主要成分是 MgO，要求炉渣中 MgO 占比为 8%~12%，太低不利于维护炉衬；太高降低炉渣流动性，不利于脱磷、脱硫。

此外，在模拟过程中要关注泡沫渣的影响，可通过调整枪位快速形成泡沫渣。原理是高枪位时会形成大量 CO，CO 气泡弥散分布在炉渣中形成泡沫渣。泡沫渣可明显增加渣-钢界面，提升脱磷、脱硫速率，减少反应时间；覆盖液面，杜绝金属喷溅，提高金属收得率。

3.2.3.7 结果评价

转炉模拟炼钢出钢后，模拟炼钢系统对冶炼时间、出钢量、出钢温度、钢水成分、渣成分等进行综合考察。图 3.9 显示了转炉模拟训练考察要点。除了满足上述要求外，从铁

			目标成份
总时间	0H:27M	✓	1H:20M
目标出钢温度	1640 ℃	✓	1630-1660 ℃
最终钢液成份	🧪	✓	
终渣成份	🧪		
铁水	$49950		
铁水预处理	$0		
添加剂	$3095		
其他消耗	$1624		
总成本	$54669 ($195.91/t)		

图 3.9 转炉模拟训练考察要点

水费用（铁水量）、添加剂（造渣材料）、其他消耗（氧气成本、炉衬损耗等）综合核算成本，最终形成吨钢成本。

可以看出，模拟结果对冶炼时间、出钢量、出钢温度、钢水成分和渣成分进行判定，任何一项不达标，则意味着此次冶炼失败。其中"√"表示该项模拟结果满足冶炼目标要求；如果有"×"则表示该项模拟结果不合格。只有各项指标都合格，才说明本次模拟冶炼成功。点击"最终钢液成分"和"终渣成分"分析选项，可分别显示最终钢液成分和终渣成分，如图3.10及图3.11所示。不同的原料配比选择，特别是造渣料的选择对最终钢液成分和终渣成分的影响非常明显。

最终钢液成份 / wt%

元素	目前合金水平		合金含量最小值	合金含量最大值
C	0.14929	✓	0.1000	0.1600
Si	0.00121	✓		0.2500
Mn	0.31371	✓		1.5000
P	0.00005	✓		0.0250
S	0.01942	✓		0.1000
Cr	0.02914	✓		0.1000
Al				
B				
Ni	0.04543	✓		0.1500
Nb	0.00011	✓		0.0500
Ti	0.00167	✓		0.0100
V	0.00056	✓		0.0100
Mo	0.01573	✓		0.0400
Ca				
N		✓		0.0500
H				
O	0.00670			

图 3.10 钢种成分界面

终渣成份

元素	目前合金水平		合金含量最小值	合金含量最大值
Al2O3	0.0000			
CaO	44.7016			
Cr2O3	0.0000			
FeO	22.6255	✓		30
MgO	11.5256	✓	8	12
MnO	3.3488			
SiO2	16.6336			
P	1.1185			
S	0.0464			
渣碱度	2.6874	✓	2	3

图 3.11 终渣成分界面

3.2.4 转炉炼钢模拟训练报告的要求

掌握顶底复吹转炉炼钢的基本原理及冶炼过程，熟练地完成转炉模拟炼钢流程，并根据模拟系统要求，在保证冶炼时间、出钢温度、钢水成分、渣成分等满足要求的情况下出钢。最后，将转炉炼钢基本原理、模拟炼钢过程以及成本影响因素等形成文字报告。具体要求如下：

（1）对转炉模拟炼钢操作过程进行具体描述；

（2）通过改变铁水和废钢比例、初始铁水温度、枪位、氧流量等设计实验方案，并对比分析各因素对成本的影响规律；

（3）结合专业知识对模拟结果进行评估，确定优化方案。

3.2.5　转炉炼钢模拟训练评分标准

（1）基本要求（合格）

1）根据指导教师的具体要求完成模拟过程，并有三次模拟结果显示为成功；

2）撰写报告，并按转炉炼钢模拟训练报告的要求对模拟过程和结果进行介绍，可获得基准分 60 分，不满足判定为不及格。

（2）能力提高（优秀）

1）满足（1）的要求。

2）能够按照转炉炼钢模拟训练报告的要求自行设计实验方案，充分对比分析各因素对成本的影响规律，结合专业知识找出转炉模拟炼钢成分优化方案。

在满足上述要求的基础上，按冶炼成本高低决定模拟过程的优劣。具体评分标准见表 3.4。

表 3.4　转炉模拟炼钢实训报告成绩评分表

分项	分值	得分	评 分 等 级
冶炼设备和工艺流程描述	20分	16~20	对转炉的结构、功能和原理以及工艺过程叙述全面且深入，所述内容正确
		11~15	对转炉的结构、功能和原理以及工艺过程有一定描述，所述内容基本正确
		0~10	实训报告内容不完整，所述内容错误较多
过程描述及结果分析	40分	30~40	炼钢过程描述详尽，参数的设置和调整有理论支撑，对各参数设置与冶炼状态的关系分析合理，能有效降低虚拟炼钢成本，结果分析合理
		20~30	炼钢过程有基本描述，参数设置有一定理论依据，能简要分析冶炼成本影响因素，结果分析基本合理
		0~20	实训报告仅有简要的操作介绍
实训体会	20分	17~20	实训报告能体现冶金生产与社会、节能环保的关系，实训过程体会与感受深刻
		11~16	实训报告能较好体现冶金生产与社会、节能环保的关系，实训过程体会与感受较深刻
		0~10	实训报告未体现冶金生产与社会的关系，实训过程体会与感受简单

分项	分值	得分	评 分 等 级
报告撰写格式	20分	16~20	实训报告格式规范、图文结合好
		11~15	实训报告格式较规范、图文结合较好
		0~10	实训报告格式不规范、图文结合较差
合计	100		—

3.3 转炉炼钢过程成分变化和控制的模拟分析

表3.5列出了初始铁水成分和温度以及各钢种成分和温度要求，可以看出，转炉模拟炼钢过程简单而言就是吹氧进行降碳升温的过程，也是降碳和控温协调控制的过程。除了进行吹氧脱碳，各钢种对 Si、Mn 和 P 含量也有一定要求，建筑钢、管线钢、工程钢和超低碳钢也需要进行脱 Si 和脱 P。

表 3.5　各钢种成分要求及初始铁水成分　（%）

项目	铁水	建筑钢	管线钢	工程钢	超低碳钢
C	4.5	0.16	0.08	0.45	0.01
Si	0.4	0.25	0.23	0.4	0.25
Mn	0.5	1.5	1.1	0.9	0.85
P	0.08	0.025	0.008	0.035	0.075
温度	1200~1400℃	1630~1660℃	1655~1685℃	1655~1685℃	1665~1695℃

以建筑钢为例，转炉模拟过程开始吹氧后，C、Si、Mn 和 P 均明显降低。其中，Si 和 Mn 在前期被氧化成 SiO_2 和 MnO 进入渣中，而 C 随着吹氧的进行持续降低。吹氧过程主要化学反应见式（3-1）~式（3-6）。

$$[C] + \frac{1}{2}O_2 \Longrightarrow CO(g) \tag{3-1}$$

$$[C] + [O] \Longrightarrow CO(g) \tag{3-2}$$

$$CO(g) + \frac{1}{2}O_2 \Longrightarrow CO_2(g) \tag{3-3}$$

$$[Si] + O_2 \Longrightarrow SiO_2 \tag{3-4}$$

$$2[P] + \frac{5}{2}O_2 \Longrightarrow P_2O_5 \tag{3-5}$$

$$[Mn] + \frac{1}{2}O_2 \Longrightarrow MnO \tag{3-6}$$

图 3.12 显示了吹氧过程中各元素变化规律，冶炼前期 Si、Mn 和 P 含量直线下降，其中脱 Si 反应速率较快。铁水 C 含量约为 4.5%，随着吹氧的进行，C 含量直线下降；至脱 Si 反应结束后，脱 C 反应速率有所回升，每分钟脱 C 量为 0.24%~0.28%。需要注意的是，当 C 含量低于 0.8% 时，脱碳速率明显降低，主要原因是受到了钢中 C 扩散的限制。

因此，吹炼末期成分控制的关键，在于终点 C 含量和温度的协调精准控制。

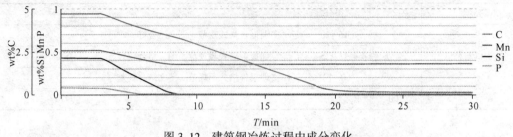

图 3.12　建筑钢冶炼过程中成分变化

3.4　成本优化分析

总体而言，转炉模拟炼钢成本消耗主要来自原料和模拟操作。原料成本主要包含配料（铁水、废钢、渣料）、氧气消耗等，操作成本包含取样费、枪位、氧流量、冶炼时间、耐材损耗等。本节将从配料、冶炼时间、出钢量、出钢温度以及其他消耗等角度，探讨上述因素对成本的影响规律。

3.4.1　配料对冶炼成本的影响

转炉模拟炼钢的配料主要是改变铁水、轻型废钢和重型废钢的比例，在操作相同的情况下，配料对最终冶炼成本的影响较大。表 3.6 为模拟冶炼建筑钢时，不同配料条件下冶炼结果对比。当出钢量均为 280t 左右时，可以明显地看出，价格较贵的铁水量越多，最终成本越高；价格较低的轻废和重废越多，最终成本越低。在不考虑其他因素影响的情况下，采用少铁水多废钢的配料方案，可以获得较低的冶炼成本。

表 3.6　建筑钢不同配料冶炼结果对比

配料					冶炼结果	
铁水/t	轻废/t	重废/t	石灰/kg	白云石/kg	出钢量/t	成本/ \$·t^{-1}
260	20	20	1450	750	285.9	219.84
260	10	20	1100	400	281	217.49
255	15	20	800	700	281	216.3
250	20	20	900	700	280	215.05
250	10	20	1150	700	270.4	218.42

需要注意的是，废钢中含有各类合金元素，而不同钢种对元素的要求有所差别。对于建筑钢和工程钢而言，可以采用铁水配加最高额度的 20t 轻型废钢和 20t 重型废钢，配料时超出的部分 P 元素可以在冶炼过程中去除。但管线钢和超低碳钢对钢中 Mo 元素的要求均低于 0.01%，采用上述配料会造成 Mo 元素严重超标，而 Mo、Ni 等元素在冶炼过程中是难以去除的。因此，管线钢和超低碳钢的配料原则依然是选择尽量少的铁水配加尽量多的废钢，但要保证 Mo 元素满足要求。

3.4.2　冶炼时间对冶炼成本的影响

冶炼时间与冶炼成本的关系如图 3.13（a）所示，可以看出冶炼时间主要集中在 23～27min 之内，高于 28min 的成本一般偏高。对所有数据做回归处理，可以看出随着冶炼时间的延长，吨钢成本也会增加。将冶炼时间在 23～40min 内每个时间点所对应的最佳吨钢成本数据提取出来，可以明显看出冶炼时间对吨钢成本的影响规律，见图 3.13（b）。可以看出，冶炼时间对最优成本有明显的影响，冶炼时间越短，模拟出的吨钢成本越低。从炼钢过程来看，在模拟过程中一般不会改变吹氧的速率，所以冶炼时间越长，耗氧量也会越高，从而增加了成本。建筑钢吨钢最优成本可控制在 190 \$ 左右。因此，在转炉模拟炼钢时，应尽量缩短冶炼时间，将整个冶炼时间控制在 25min 以内最佳。

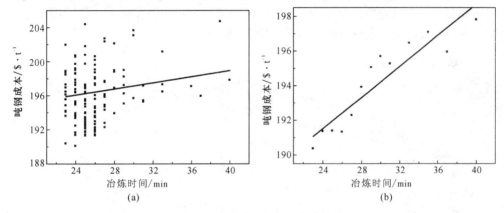

图 3.13　冶炼时间与吨钢成本的关系

3.4.3　出钢量对冶炼成本的影响

从图 3.14 中可以看出，出钢量与吨钢成本关系主要划分为两个明显区域，即 250～275t 以及 275～300t，以 275t 为分界线。存在两个区域的主要原因是，配料时兑入铁水量主要有两种配方，一种是兑入 250t 铁水，另一种是兑入 270t 铁水。在这两个独立区域内出钢量越高，则吨钢成本越低。对比 2 个区域可以发现，出钢量在 275t 时，获得了最优成本。因此，可以看出并非将出钢量控制在最大出钢量也就是 300t 时才能获得最优成本。

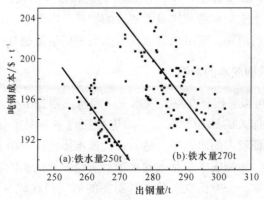

图 3.14　出钢量与吨钢成本

当兑铁水量一定时，出钢量越高，最终吨钢成本越低，主要原因是铁水价格较高，在一定铁水量条件下，加入废钢和铁矿石越多，最终获得的钢水就越多，也就是出钢量越多，可以得到较低的吨钢成本。因此，在模拟炼钢时，需要尽量多加废钢和铁矿石等低价格的含铁原料，在保证一定 Fe 收得率时，可以获得较低的成本。但须注意的是，目前系统对加入铁矿石有一定的要求，铁矿石加入过多则会影响渣的成分，易使渣成分不合格。

3.4.4　出钢温度对吨钢成本的影响

从图 3.15（a）中数据来看，数据点比较分散，规律性并不明显。主要的数据点集中在温度出钢为 1630~1640℃ 范围内，最优成本也出现在这个范围。对所有数据点进行回归处理可以看出，出钢温度越低，吨钢成本越低。由于在同一个出钢温度下，中间操作过程甚至配料都会有很大的差异，为了获得出钢温度和成本之间的内在关系，我们提取出各出钢温度点获得的最优成本进行分析，结果见图 3.15（b）。

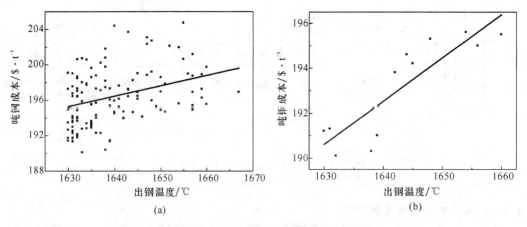

图 3.15　出钢温度与吨钢成本的关系

从图 3.15（b）中可以明显地看出，出钢温度越低，获得最优成本也越低。主要原因是出钢温度，越高浪费的热量也越多。这部分热量是消耗氧气和钢液内元素反应而来。保证极限低的出钢温度可以降低氧气消耗、氧化元素损耗，同时也可以使固体料恰好熔化，使热量得到充分的利用。在实际生产中，钢铁料消耗和合金消耗的下降亦可以保证炉龄、钢包龄、中间包龄、钢水质量和铸坯质量大幅度的提高。出钢温度高，会侵蚀炉衬降低炉龄，并且会增加钢铁料的消耗。故出钢温度在要求范围内越低越好。

3.4.5　配入铁水量对吨钢成本的影响

从图 3.16（a）中可以看出，在兑入铁水量一定时，如 250t 铁水量，成本差异达 15 \$ 左右。这与操作水平和加入的添加剂有关。冶炼数据点主要集中在兑入铁水量较高的区域，主要原因是为了保证较大的出钢量，然而最优成本依然在 250t 铁水量这个点。对所有数据回归处理可以看出，吨钢成本和兑入铁水量呈正相关。从总的趋势看，兑入铁水量少时获得了较低的吨钢成本，一方面铁水量少时需要的氧气消耗较少，其他物料（如废钢、铁矿石、石灰、白云石等）消耗也会相应降低。

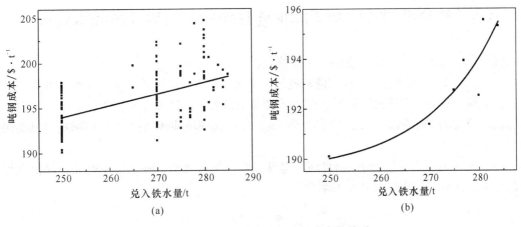

图 3.16 兑入铁水量与吨钢成本的关系

对兑入不同铁水量时冶炼得到的最优成本进行汇总绘图，如图 3.16（b）所示。由图可以明显地看出，兑入铁水量和吨钢成本存在明显线性关系。因此，在模拟炼钢过程中，尽量选取兑入铁水量为 250t，同时为了获得较大的出钢量，要尽量多地配入废钢和铁矿石。

3.4.6 其他消耗对吨钢成本的影响

统计成功冶炼的多炉次其他消耗与最终成本的关系如图 3.17 所示，可以明显地看出最终成本和其他消耗成正比例关系，也就是说，转炉模拟炼钢过程中总吹氧量直接影响最终成本。要想获得较低的冶炼成本，在配料固定的情况下，应在满足冶炼要求的条件下，尽量改变枪位和氧流量，使总吹氧量尽量减少。

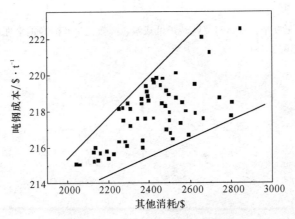

图 3.17 其他消耗与吨钢成本的关系

值得注意的是，其他消耗包括吹氧量、底吹搅拌气体量、炉衬损耗等，这类费用和总的冶炼时间有密切关系，换言之，其他消耗和冶炼时间成正比例关系。因此，在转炉模拟炼钢过程中，应在满足各项要求的前提下，尽量缩短冶炼时间。冶炼时间越短，其他消耗越少，最终冶炼成本也会越低。应将总的冶炼时间控制在 24min 以内，会得到较低的冶炼成本。

3.5 转炉模拟炼钢和实际顶底复吹转炉冶炼过程的不同点

转炉模拟炼钢和实际顶底复吹转炉冶炼过程的不同点为:

(1) 实际转炉炼钢过程中枪位的控制较为复杂,要综合考虑铁水成分、铁水温度、装入量、渣料、炉龄等因素进行调整,但在模拟炼钢过程中,枪位控制较为简单;

(2) 实际转炉炼钢中对于脱磷有严格要求,但在模拟炼钢模型中,吹炼前期含量能快速到达要求的水平;

(3) 泡沫渣可明显增加渣-钢界面,提升脱磷、脱硫速率,减少反应时间,但模拟炼钢过程中泡沫渣对成本影响效果不明显。

参 考 文 献

[1] 黄希祜. 钢铁冶金原理 [M]. 4版. 北京: 冶金工业出版社, 2013.

[2] 朱航宇, 董清源, 薛正良, 等. 基于钢铁大学网站转炉虚拟炼钢成本影响因素 [J]. 铸造技术, 2017, 38 (5): 1099-1102.

[3] 李荣, 史学红. 转炉炼钢操作与控制 [M]. 北京: 冶金工业出版社, 2012.

[4] 谢书明, 柴天佑, 王小刚, 等. 转炉炼钢氧枪枪位控制 [J]. 冶金自动化, 1999, (2): 12-15.

[5] 李智峥, 朱荣, 刘润藻, 等. 转炉氧枪枪位对炼钢熔池流速的影响 [J]. 工程科学学报, 2014, 36 (s1): 15-20.

[6] 李伟东, 孙群, 王成青, 等. 转炉炉渣中 MgO 含量的控制实践 [J]. 钢铁, 2011, 46 (9): 40-44.

[7] 孙凤梅, 崔绍刚, 马建超, 等. 提高转炉出钢碳含量的生产实践研究 [J]. 上海金属, 2014, (2): 40-43.

[8] 翟冬雨, 方磊, 蔡可森. 南钢高效益低成本转炉冶炼的工业研究 [J]. 中国冶金, 2012, 22 (8): 11-13.

[9] 曾加庆, 潘贻芳, 王立平, 等. 对复吹转炉低成本、高效化生产洁净钢水理论与实践的再认识 [J]. 钢铁, 2014, 49 (10): 1-6.

4 电炉炼钢

4.1 电炉炼钢简介

电炉是采用电能作为热源进行炼钢的冶炼设备的统称，按电能转化热能方式的差异，电炉可分为电弧炉（高温电弧）、感应炉（电磁感应）、电渣炉（电阻热）、电子束炉（电子碰撞）及等离子炉（等离子弧）等。目前，世界上电炉钢产量的90%以上都是由电弧炉生产的，因而通常所说的电炉炼钢主要指电弧炉炼钢。传统电炉以废钢为主要原料，利用电流通过石墨电极与金属料之间产生的高温电弧来加热、熔化炉料。与高炉-转炉炼钢流程相比，废钢-电炉炼钢流程具有流程短、工艺衔接紧凑、投入产出快等优势，同时，可实现铁和贵重合金的再利用，有利于钢铁工业的可持续发展。

电炉炼钢设备包括机械结构和电气设备两部分，一般电炉的机械结构主要由以下四部分组成：炉体装置、炉子倾动机构、电极升降机构及炉盖提升旋转机构。现代电炉炉体包括炉壳及水冷炉壁、水冷炉门及开启机构、偏心炉底出钢箱及出钢口开启机构、水冷炉盖及电极密封圈等。电炉电气设备包括"主电路"设备及电控设备，前者的作用是实现电-热转换，完成冶炼过程；后者的作用是接通或断开主回路及对主回路进行必要的保护和计量（高压控制系统），控制电炉机械结构的操作运行（低压控制系统）等。

传统的氧化法电炉冶炼工艺操作过程由补炉、装料、熔化、氧化、还原与出钢等六个阶段组成，主要分为三期，俗称老三期。因其设备利用率低、生产效率低、能耗高等缺点，无法满足现代冶金工业的发展要求。随着钢包精炼（LF）技术及偏心炉底出钢（EBT）技术的应用，为提高设备利用率并降低能耗，现代电炉逐渐变成仅保留熔化、升温和必要精炼功能（脱磷、脱碳）的化钢设备，而把那些只需要较低功率的工艺操作转移到钢包精炼炉（LF炉）内进行。

4.2 电炉炼钢模拟训练

4.2.1 电炉炼钢模拟训练的目标

基于"钢铁大学"网络平台进行电炉炼钢模拟训练，可将"黑箱式"的电炉炼钢过程可视化，其生动形象、开放简单的操作界面及随时随地、自由灵活的模拟体验，可有效激发学生的学习兴趣，促进学生对电炉炼钢工艺过程的全面掌握，通过该模拟训练，以期达到如下目标：

（1）加深对电炉炼钢设备结构、工艺原理及特点的认识，能够熟练地描述其配料、布料、化料、造渣、合金化及出钢等各个工艺环节的特点与作用；

（2）明晰不同废钢原料对配料、布料、化料、造渣及出钢等过程的影响，能够根据目标钢种成分要求及现有废钢原料的成分进行合理、有效的配料；

（3）基于冶金物理化学、传输原理等专业知识，分析电炉炼钢过程各冶炼参数的影响并对其进行设置、调整，获得渣、钢成分达标的冶炼结果并加以分析；

（4）分析电炉炼钢过程冶炼成本的构成因素，开展冶炼成本优化分析并最终能合理、有效地降低吨钢成本；

（5）找出电炉炼钢模拟系统与实际电炉炼钢生产的异同，对模拟结果进行辩证分析并思考其对实际电炉炼钢生产控制的启示。

4.2.2 电炉炼钢模拟训练的任务

电炉炼钢模拟训练的任务为：

（1）成功实现系统所提供4种目标钢种的电炉冶炼，其冶炼时间、出钢温度、出钢量、终渣及终钢成分均达目标要求，熟练掌握整个冶炼操作流程；

（2）掌握炉渣碱度、成分的调整及控制方法，可以顺利地造泡沫渣；

（3）掌握电炉炼钢过程脱磷、脱硫及合金化操作，精准控制钢成分；

（4）开展不同方案下的模拟分析，总结影响炼钢成本的因素并给出降成本操作的思路，合理、有效地实现电炉炼钢的降成本操作。

4.2.3 电炉炼钢模拟参数设置与影响分析

4.2.3.1 电炉炼钢模拟界面

进入"钢铁大学"网络平台后，在"PLAY"菜单中选择"Simulations"，然后点击"Electric Arc Furnace Simulation"进入电炉炼钢模拟模块，里面有基本介绍及用户指南（User Guide）。点击"Play"进入电炉模拟页面，可选英语、中文、西班牙语及俄语等4种语言类型；点击"Start"进入"Simulation settings"页面，对用户水平、目标钢种、废钢原料、加料方式等进行选择并设置，然后点击"Start Simulation"按钮，即可开始电炉炼钢模拟训练。其模拟界面如图4.1所示。

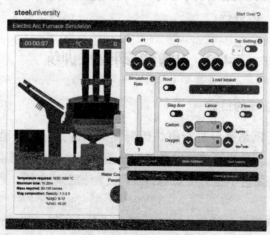

图4.1　电炉炼钢模拟界面

电炉炼钢模拟界面主要包括电炉炉体结构及其控制模块，其炉体结构包括炉壳、水冷炉壁、水冷炉盖及提升旋转机构、水冷炉门及开启机构、炉子倾动及偏心炉底出钢等；控制模块主要包括对冶炼功率、石墨电极升降、料篮加料、渣门开合、碳氧喷吹、钢水成分及出钢等的控制调节，还包括模拟速度调节、炉壁水温监测、事件记录日志模块。模拟结束后，可通过"Cost breakdown"对冶炼时间、出钢温度及钢液成分等是否满足目标值进行判断，以判定此次模拟是否成功。该界面同时给出了能源消耗及各部分成本结算。在"Additional information"界面可以查看终钢及终渣成分、熔炼功率随时间变化曲线，为分析该模拟过程废钢加入、喷吹碳氧及合金料加入等对钢、渣成分的影响提供参考。

4.2.3.2 冶炼钢种分析

电炉炼钢模块同样提供了4类目标钢种进行模拟分析，各钢种在电炉冶炼阶段的成分要求见表4.1。各钢种的冶炼特点如下：

(1) 建筑钢。对该钢种的要求相对较低，冶炼简单，建议初学者选用。建筑钢冶炼的主要任务是保证准确的合金加入量（如Si、Mn）并控制其他元素不超标。

(2) TiNb超低碳钢。该钢种是汽车车身用钢，为优化其可塑性，要求目标碳含量较低。因此，配料时应优先选择C含量相对较低的废钢原料，并在随后的二次精炼中进行脱碳操作。

(3) 管线钢。该钢种主要用于煤气等的输运，具有高强度和高抗断裂性能指标，要求钢中具有较低的杂质组元（S、P、H、O和N）。配料时，优选C、P、S和Cr等含量较低的废钢并进行有效的脱硫、脱磷操作。

(4) 工程钢。该钢种是一种可热处理的低合金钢，包含一定量的Cr、Mo元素，可选用含一定量Cr、Mo的电炉炉尘、切削废钢等进行配料，有利于实现节能环保，亦可通过添加合金剂等进行成分调整。

表 4.1 模拟钢种在电炉冶炼阶段的目标成分 （%）

元素	建筑钢		超低碳钢		管线钢		工程钢	
	最小值	最大值	最小值	最大值	最小值	最大值	最小值	最大值
C	0.100	0.120	0.050	0.100	0.040	0.080	0.300	0.430
Si	0.100	0.300	0	0.100	0.100	0.300	0	0.500
Mn	1.000	1.500	0.650	0.850	0.900	1.100	0.600	0.900
P	0	0.020	0	0.060	0	0.007	0	0.030
S	0	0.030	0	0.020	0	0.010	0	0.040
Cr	0	0.100	0	0.050	0	0.060	0	1.200
Mo	0	0.040	0	0.010	0	0.010	0	0.300
Ni	0	0.150	0	0.080	0	0.050	0	0.300
Cu	0	0.150	0	0.080	0	0.080	0	0.350
N	0	0.005	0	0.004	0	0.005	0	0.005
Nb	0	0.050	0	0.030	0	0.018	0	0.010
Ti	0	0.010	0	0.035	0	0.010	0	0.010

注意：本模拟中，各钢种的目标成分达到在二次精炼前所需的钢液成分要求即可，而不是在浇铸前钢种的最终成分。在模拟系统中可选择对应目标钢种以查看其成分要求。

模拟示例：模拟钢种选择"建筑钢"，级别选择"大学生"水平。

4.2.3.3　电炉炼钢原料分析

电炉炼钢原料可分为金属材料和辅助材料两大类。金属材料包括废钢原料、废钢代用品（铁水、生铁、直接还原铁与热压块铁等）及铁合金（脱氧剂与合金剂）等；辅助材料包括氧化剂（氧气）、造渣剂（石灰、萤石、白云石等）及增碳剂（焦炭粉、石墨电极块与生铁）。

废钢是电炉冶炼的最主要原料。废钢来源一般有三个方面，即钢铁企业在生产过程中的自产废钢、工矿企业在生产过程中的加工废钢、社会（生产、生活、国防等）废弃钢铁材料（包括拆旧废钢，如报废汽车、舰船、钢结构桥梁与建筑钢等）。电炉炼钢过程对废钢有以下要求：（1）废钢的表面应清洁少锈；（2）严格控制废钢中有害元素含量；（3）化学成分要明确；（4）废钢的块度要合适。由于社会废钢重复使用或含有较多含量的 Cu、Pb、Sn、As、Sb、Bi 等不易去除的有害元素，造成一些有害元素在钢中富集，废钢质量下降。

为解决废钢短缺及现有废钢洁净度较低的问题，可在电炉中加入一定配比的铁水（生铁）、直接还原铁（DRI）、脱碳粒铁、碳化铁、复合金属料等。废钢代用品（铁水、生铁、直接还原铁与热压块铁等）的共同优点为：杂质元素含量极低，其微量元素 Cu、Zn、Pb、Sn、Ni、Mo 等均为痕量，可以对废钢中的残余元素进行稀释；去氮效果好，因碳含量高，熔化过程产生大量的 CO，去气效果好。废钢代用品的使用，不仅可以弥补废钢的不足，而且能够提高钢水的洁净度，生产高质量的钢材，但也存在增加环境污染（主要是 CO 排放）、提高生产成本及浪费某些金属元素的缺点，尤其当大量配入时，废钢利用率下降，降低了其在可持续发展方面的优越性。

该模块给出了 10 种废钢原料可供选择，其类型、成分、体密度、形状及价格等如表 4.2 所示，同时，根据其 User Guide 中提供的公式进行各原料熔化温度的计算。因没有废钢分类的国际标准，上述废钢是根据美国标准来命名的。

注意：模拟时，为反映现实生活中废钢成分的不确定性，各废钢中每个元素实际含量的变化幅度为给出含量的 ±5%。例如，某种废钢中的碳含量为 0.1%，那么它的实际碳含量在 0.095%～0.105%。这意味着所熔炼混合物料的实际成分将与计算出的成分略有不同。

表 4.2　电炉炼钢模块提供的 10 种废钢原料

废钢原料	平 均 成 分	体积密度 /t·m⁻³	形状[①]	价格 /$·t⁻¹	熔化温度 /℃
1 号重废钢	0.025% C，0.017% Si，0.025% P，0.033% S，0.2% Cr，0.15% Ni，0.03% Mo，0.18% Cu，0.014%Sn+Fe bal.	0.85	CS	160	1531

废钢原料	平均成分	体积密度 /t·m⁻³	形状①	价格 /\$·t⁻¹	熔化温度 /℃
2号重废钢	0.03% C，0.022% Si，0.028% P，0.035% S，0.26% Cr，0.18% Ni，0.03% Mo，0.18% Cu，0.016%Sn+Fe bal.	0.75	CS	140	1531
厂内合金废钢	0.17% C，0.04% Si，0.31% Mn，0.013% P，0.0014% S，0.26% Cr，0.4% Ni，0.001% Nb，0.015%Ti，0.005%V，0.14%Mo.	3.0	CS	240	1520
板和建筑废钢	0.25% C，0.25% Si，1.0% Mn，0.025% P，0.025% S，0.15% Cr，0.05% Mo，0.15% Ni，0.22%Sn+Fe bal.	2.0	CS	290	1508
1号捆绑料	0.027% C，0.012% Si，0.12% Mn，0.01% P，0.006% S，0.032% Cr，0.02% Ni，0.001% Ti，0.018%Cu+Fe bal.	1.2	FS	180	1534
2号捆绑料	0.04% C，0.016% Si，0.12% Mn，0.014% P，0.008% S，0.04% Cr，0.03% Ni，0.0014% Ti，0.018%Cu+Fe bal.	1.1	FS	170	1532
直接还原铁	2.4%C，0.1%P，0.01%S，0.02%Ti，0.03%Nb，0.02%V+Fe bal.	1.65	FS	220	1346
废钢碎片	0.03%C，0.015%Si，0.02%P，0.03%S，0.12% Cr，0.1%Ni，0.02%Mo，0.16%Cu，0.013%Sn+Fe bal.	1.5	VFS	200	1532
切削废钢	0.03% P，0.113% S，0.698% Cr，0.538% Mo，0.157%Pb+Fe bal.	1.0	VFS	110	1532
电炉炉尘	0.91% Si，4.44% Mn，0.019% P，0.001% S，20.03% Cr，11.2% Ni，0.14% Ca，0.003% Ti + Fe bal.	0.9	PW	−120	1447

①CS=大块废钢；FS=小块废钢；VFS=细小废钢；PW=粉末。

废钢熔化，既要考虑其热力学因素（如熔化温度），又要考虑其动力学因素（如块度）。不同废钢的布料方式、传热及熔化速率不同，其冶炼时长亦不同。

同等体积的废钢，体积密度小（总质量小）者熔化较快；同等质量的废钢，液相线温度低者熔化较快，当液相线温度相近时，其熔速也相近。这主要与熔化废钢料所消耗的能量有关。当废钢中不含或少含导电、导热性较差的氧化物时，则易于熔化并可缩短其冶炼时间，增加出钢量。

上述废钢中，电炉炉尘及切削废钢的价格最为低廉且不含 C，但含有较高含量的 Cr、

Ni、Mn，可用于超低碳不锈钢的冶炼并充分发挥其节能环保的经济效益。1号重废钢、2号重废钢、1号捆绑料及2号捆绑料的价格相对低廉，前两者块度大、体积密度较小，C及合金含量较低，但P、S、Cr、Ni含量较高，可用于冶炼对P、S、Cr、Ni含量要求不是太高的钢种或超低碳钢；后两者为易于熔化的小块废钢且P、S、Cr、Ni含量较低，可用于冶炼低P、S及对Cr、Ni含量具有严格限制的高性能钢。上述4种废钢价格低廉且可实现大、小块度的有效搭配，配加一定量的合金料即可基本满足普通目标钢种的冶炼要求。厂内合金废钢块度大、价格昂贵且含有较多的Cr、Ni、Mo含量，一般少用，因其S含量极低，可用于冶炼低硫合金钢。钢板和建筑废钢，块度大、价格昂贵且含一定的Sn，不宜用于高性能钢的冶炼。直接还原铁含有较高的C，可满足现代电炉高配碳的配料理念，但因价格较高且常含有较高的脉石、氧化铁等而不宜大量使用。该模块所给的直接还原铁还含有较高的P含量，使用时需进行有效稀释或脱P。废钢碎片含有较高含量的Cu、Sn且价格昂贵，一般可不采用。上述废钢中，直接还原铁、废钢碎片、切削废钢、电炉炉尘等均含一定的氧化物，加入后会一定程度地减少出钢总量并增加渣量，对电炉炼钢的吨钢成本产生一定的影响。

4.2.3.4　电炉配料及加料

因废钢种类众多，其平均成分、密度、价格等差别很大，对废钢进行科学的配比，是实现电炉炼钢降低吨钢成本的重要环节。它主要是根据冶炼钢种的技术要求和冶炼过程的工艺要求，合理搭配各种废钢原料，在满足目标钢种成分要求和操作工艺的前提下，尽可能地降低炼钢原料成本。废钢配料计算主要是以冶炼过程中的物料平衡和化学平衡为基本依据进行的。在电炉炼钢模块中，根据表4.2中的废钢成分及表4.1中的目标钢种成分进行配料，其配料公式为：

$$E_{jt\min} \leqslant \left[E_j = \sum_{i=1}^{n} (E_{ij} \times M_i) \Big/ \sum_{i=1}^{n} M_i \right] \leqslant E_{jt\max} \tag{4-1}$$

式中，E_j 为配料后钢中 j 元素的当前含量；$E_{jt\max}$，$E_{jt\min}$ 分别为目标钢种 j 元素的最大限值及最小限值；E_{ij} 为第 i 种废钢料中 j 元素含量；M_i 为第 i 种废钢料的配料质量。

在电炉炼钢模拟过程中，Cu、Cr、Ni、Mo等元素基本不氧化，配料时应注意不能过多超标，否则即使后期有加入合金料稀释，仍不能满足目标成分要求。P、S元素可通过造渣进行一定量的去除，其含量可高于钢种目标成分的上限值，但脱P、S需要一定时间，将增加冶炼时间及能量消耗。C、Si、Mn等元素氧化有限，配料时不宜高于其目标上限值；当低于目标值时，可加入增碳剂、硅铁及锰铁合金等进行合金化调整。配料时，还应注意含氧化物废钢对目标钢成分的影响。本模拟中，废钢加入总量限制在90t以下，废钢总体积限制在100m^{3}以下。

装料操作是电炉炼钢过程重要的一环，它对炉料熔化、元素烧损、炉衬寿命、冶炼时间及吨钢成本等影响显著。目前电炉炼钢广泛采用炉顶料篮装料，因电炉容积有限，每炉钢的炉料需分1~3次加入，当加入的前一篮炉料完全熔化后再加入后一篮炉料，直至所有炉料加完。由于钢液密度远高于废钢的体积密度，第一篮炉料熔化后，体积会大大减小，就会给后续待加炉料让出空间。因第一篮炉料熔化后要占有一部分炉子容积，所以加入第二、第三篮炉料的体积最大应为炉子的剩余容积，如 $A-A'=B$，如图4.2所示。

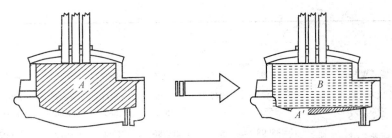

图 4.2 炉料熔化过程炉内容积 A 逐渐减少并变成了 B

在料篮装料时，后面料篮的允许装料容积会随着前面料篮的装料种类及容积而自动变化。值得注意的是，每个料篮中所加炉料的质量可为整数，亦可为小数，其实际所占体积可通过炉料质量及其体积密度精确算出，而装料界面所显示值为四舍五入的整数值。对于建筑钢，如表4.3中方案6所示，废钢总体积为73m³。一般情况下，需三个料篮才能装料完全，但当1号料篮装厂内合金废钢4t、1号捆绑料25t、2号捆绑料21.8t及2号料篮装2号捆绑料37.2t时，可充分利用电炉容积进行两料篮加料。在电炉炼钢过程中，与三料篮加料相比，两料篮加料可有效减少电极升降及炉料加入等过程用时及炉内热量散失，进而缩短冶炼时间，降低生产成本。表4.3为不同废钢配料方案下的冶炼分析，其供电制度及其他操作基本一致，造渣制度因废钢成分（尤其含有较多氧化物的废钢）而变化。可见，废钢总价格及电能消耗成本是影响炼钢总成本的主要因素，不同配料方案影响着废钢总价格、电能消耗、出钢量，进而影响最终的吨钢成本。切削废钢、电炉炉尘等虽然价格低廉，但含 Cr、Ni、Mo 及氧化物较多，使用时不利于废钢配料的灵活选择，同时亦会降低实际出钢量并增加渣量及电能消耗。因此，配料时要兼顾废钢总价格、实际出钢量及电能利用率等因素。

表 4.3 建筑钢的几种配料方案及其冶炼成本

项 目	配 料 方 案						
	方案1	方案2	方案3	方案4	方案5	方案6	方案7
1号重废钢/t	17	11					
2号重废钢/t	12	10	18	5			24
厂内合金废钢/t						4	
1号捆绑料/t	24	25	17	37	28	25	
2号捆绑料/t	37	41	52	46	59	59	66
切削废钢/t		3	3	1	2	1	
电炉炉尘/t				1	1	1	
废钢总体积/m³	87	84	84	78	75	73	87
废钢总价格/$	15010	14960	14750	15170	15170	15480	14580
使用料篮数/个	3	3	3	3	3	2	3
冶炼时间/min	41	41	40	40	37	38	42
出钢量/t	91.63	91.03	91.03	90.57	90.43	90.57	91.63
出钢温度/℃	1633	1633	1633	1633	1633	1633	1633

续表 4.3

项　目	配　料　方　案						
	方案 1	方案 2	方案 3	方案 4	方案 5	方案 6	方案 7
消耗电能/kW·h⁻¹	34097	34162	34186	34809	34161	34795	34150
电能成本/$	19435	19472	19486	19841	19472	19833	19466
添加剂成本/$	1552	1552	1552	1689	1552	1689	1552
炼钢总成本/$	35998	35984	35788	36700	36194	37002	35598
吨钢成本/$	392.85	395.29	393.14	405.23	400.23	408.56	388.49

此外,装料时还应考虑炉料块度的合理搭配。合理的布料顺序为:先将部分小块料装在料篮底部以保护料篮的链板或合页板,减缓重料对炉底的冲击,保护炉底并及早形成熔池;在小块料上面、料篮中心部位装大块料或难熔料,并填充小块料,做到平整、致密、无大空隙,使之既有利于导电,又可消除料桥及防止塌料时折断电极,即保护电极;其余中、小块料装在大料或难熔料的上边及四周;最后在料篮的上部装入小块轻薄料及易导电料,以利于石墨电极起弧及快速插入料中,减少电弧对炉顶的辐射损伤,即保护炉顶。为避免料篮中过多粗废钢对电极的损害,建议将其分装于多个料篮中,且每篮中的含量不超过总量的 30%。

4.2.3.5　熔炼过程控制

装料完毕后,即可通电熔化。在供电前应调整好电极,以保证整个冶炼过程中不切换电极,并对炉子冷却系统及绝缘情况进行必要的检查。电炉炼钢熔化期的操作主要是合理供电、及时吹氧、提前造渣,其主要任务为:(1)将废钢炉料快速熔化并加热到氧化温度;(2)提前造渣、早期脱磷;(3)减少钢液吸气与挥发。

炉料熔化过程如图 4.3 所示,可分为起弧期、穿井期、主熔化期及熔末升温期四个阶段。由于各阶段熔化情况不同,其供电情况也不同,见表 4.4 所示。

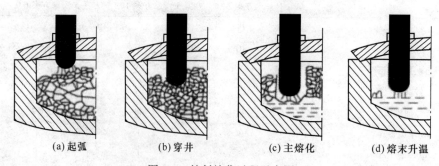

(a) 起弧　　　　(b) 穿井　　　　(c) 主熔化　　　　(d) 熔末升温

图 4.3　炉料熔化过程示意图

起弧期为送电起弧至电极端部下降至 $1.5d_{电极}$ 深度的阶段。因电弧在炉顶附近燃烧辐射,为减少热量损失及电弧对炉顶辐射,应在炉内上部布一些轻薄小料,以便让电极快速插入料中;供电上采用较低电压、电流。穿井期为起弧完了至电极端部下降至炉底阶段,供电上采用较大的二次电压、大电流以增加穿井直径与穿井速度,常采取石灰垫底、炉中部布大、重废钢等措施以保护炉底。当电极下降至炉底后开始回升时,主熔化期开始;随着炉料不断熔化，电极逐渐上升，至炉料基本熔化、电弧开始暴露给炉壁时，主熔化期结束。此过程因电弧埋入炉料中，电弧稳定、传热条件好、热效率高，应以最大功率供电。熔末升温期为电弧开始暴露给炉壁至炉料全部熔化的阶段，常采用低电压、大电流供电以减少炉壁受到的电弧辐射。

表 4.4 炉料熔化过程与操作

熔炼阶段	电极位置	必要任务	实现必要任务的办法	
起弧期	送电→$1.5d_{电极}$	保护炉顶	较低电压	炉顶布轻废钢
穿井期	$1.5d_{电极}$→炉底	保护炉底	较大电压	石灰垫底
主熔化期	炉底→电弧暴露	快速熔化	最大电压、电流	埋弧操作
熔末升温期	电弧暴露→全熔	保护炉壁	低电压、大电流	炉壁水冷+泡沫渣

其熔炼过程控制如下：点击图 4.4 电炉炼钢界面的"Roof"按钮以打开炉盖，当其完全打开后，点击"Load basket"菜单下的"1"，即可将其代表的 1 号料篮中的废钢通过天车自动送入电炉炉内，再点击"Roof"按钮以关闭炉盖。"2"、"3"则分别代表 2 号及 3 号料篮，需注意，应加入一篮，熔化一篮，不能连续加料。加料后，点击"Tap Setting"激活电源开关并调至相应功率档位。本模拟中，给出了 5 档熔炼功率，分别为 0 档→0MW，1 档→75MW，2 档→90MW，3 档→105MW，4 档→120MW。通过调节各石墨电极下的●、●按钮，可进行电极升、降控制。

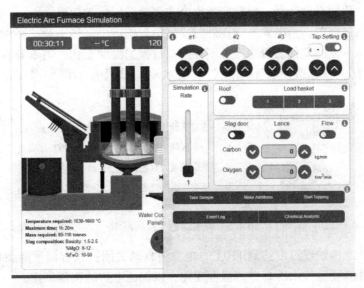

图 4.4 电炉炼钢过程的控制界面

注意：当电炉中粗废钢量不低于 25% 时，需降低石墨电极下降速度以减小电极折断的几率。一旦发生电极折断，需上移电极，然后打开炉盖，再点击三根电极中损坏的一根进行维修。每根电极的价格为 200 $ ，维修时间为 15min，电极折断的费用将加入到总成本中。因维护电极的费用昂贵，建议操作者尽量避免发生电极折断事故。

针对该电炉炼钢模拟系统，此处采用 45t 的 2 号捆绑料进行单料篮加料冶炼以考察供电制度的影响，保持其他因素相同，仅改变炉料熔化各期的熔炼功率设置，见表4.5。

表 4.5   供电方案对电炉炼钢成本的影响

项 目	供电方案 1	供电方案 2	供电方案 3
起弧期/MW	120	90	90
穿井期/MW	120	90	90
主熔化期/MW	120	90	120
熔末升温期/MW	120	90	90
冶炼时间/min	20	24	21
出钢量/t	45.80	45.80	45.80
出钢温度/℃	1642	1639	1641
消耗电能/kW·h^{-1}	17978	18119	17988
电能成本/$	10247	10328	10253
废钢成本/$	7650	7650	7650
添加剂成本/$	1016	1016	1016
炼钢总成本/$	18914	18994	18920

由表可见，该模拟中，大功率熔炼可缩短冶炼时间、降低电能消耗并降低炼钢总成本及吨钢成本。但在实际电炉炼钢生产时，在起弧期、熔末升温期采用大功率熔炼易导致炉壁受辐射严重、使用寿命降低，此时应考虑降功率操作以保护炉壁。

在电炉炼钢过程中，当电弧暴露在外时，将使炉壁产生高热负荷，采用水冷炉壁可有效降低其温度。下方圆盘代表着水冷炉壁在模拟过程的温度变化，熔末升温期常因炉壁温度快速升高而发生颜色改变，不同颜色表明水冷却壁具有不同的温度范围，如图4.5所示。

➤ 所有区域为绿色，$T_{water} < 75℃$（安全）
➤ 一个区域为橘黄色，$T_{water} = 75 \sim 90℃$（安全）
➤ 一个区域为红色，$T_{water} = 90 \sim 105℃$（需警惕）
➤ 所有区域为红色，$T_{water} > 105℃$（停止工作）

图 4.5   炉壁颜色与温度范围

注意：如果水冷炉壁温度达到110℃，电源将自动关闭；只有温度降到80℃下，才能打开电源。操作者要监控水冷却壁的温度变化，以保证电炉的正常工作。

4.2.3.6   造渣过程控制

造渣剂主要有石灰、萤石、白云石及铁氧化物等。石灰常用来提高炉渣的碱度，有强脱P、S能力，电炉炼钢的炉渣碱度一般为1.5~2.5；萤石用于化渣，可降低炉渣熔化温度，并改善其流动性；白云石是调渣剂，适量加入可保持渣中具有一定的MgO含量。铁氧化物主要成分为FeO，加入可进行炉渣氧化性的调整，影响炉渣脱P能力及CO气体产生、泡沫渣高度等。

电炉炼钢模拟时，要求炉渣碱度为 1.5～2.5，渣中 MgO 含量为 8%～12%，FeO 含量为 10%～50%。此处的炉渣碱度为二元碱度，即炉渣碱度 $R=m(CaO)/m(SiO_2)$。表 4.6 所列为模拟系统所提供的石灰、白云石、氟石及铁氧化物的成分、体积密度、形状及价格等。

表 4.6　渣料添加剂的成分

添加剂	成　　分	体积密度/t·m^{-3}	形状	价格/\$·t^{-1}
白云石	38.5%MgO，2%SiO$_2$，0.005%P，0.15%S+CaO bal.	1.0	粉末状	120
氟石	20%CaO，20%MgO，20%SiO$_2$，0.001%P，0.06%S+CaF$_2$ bal.		粉末状	180
铁氧化物	0.3%Al$_2$O$_3$，0.5%CaO，0.1%MgO，0.001%P+FeO bal.	1.8	粉末状	140
石灰	1.2%Al$_2$O$_3$，1.8%MgO，2.1%SiO$_2$，0.01%P，0.01%S+CaO bal.	1.0	粉末状	120

电炉炼钢生产中，加料前常在炉底加 2%～3% 石灰垫炉底（留渣留钢操作、导电炉底等除外）以提前造高碱度、高氧化性炉渣，并采用流渣造新渣的操作等，在熔化期基本完成脱磷任务；同时，提前造渣亦可覆盖熔池、稳定电弧，减少炉料熔化与升温过程的热损失，防止吸气和金属的挥发等。图 4.6 为该电炉炼钢模拟系统中渣成分随熔炼时间的变化曲线。

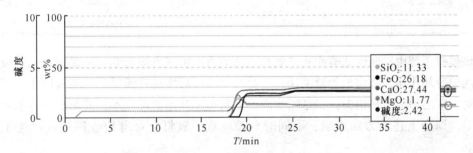

图 4.6　渣成分随时间变化曲线

在电炉炼钢模拟系统中，无法于加料前加入石灰等进行提前造渣，只能在加完第一篮料后方可加入相应渣料添加剂进行造渣。在第一篮废钢料熔化结束前，渣成分主要是废钢熔化带入的 SiO$_2$，随后加入的渣料才开始熔化并引起渣成分变化，如图 4.5 所示。实践表明，加入石灰可明显提高炉渣碱度及 CaO 含量；加入白云石则可一定程度地增加 MgO 含量；加入氟石则主要增加渣中 SiO$_2$ 含量，降低炉渣碱度；加入铁氧化物则增加渣中 FeO 含量并降低其他组元比例，对炉渣碱度影响不大。本模拟系统中，因 Si、Mn 等元素氧化有限，对造渣过程影响甚微，因此，在模拟时需对炉渣加入量进行自主设定，总渣量不同，亦会引起炼钢成本不同。

电炉炼钢生产中常采用造泡沫渣技术，通常是在熔末电弧暴露-氧化末期进行，它是利用向渣中喷碳粉和吹氧产生的 CO 气泡通过渣层而使炉渣泡沫化。良好的泡沫渣是要长时间将电弧埋住，这要求渣中要有气泡生成且具有一定寿命。在造泡沫渣过程中，炉渣发泡厚度可达 300～500mm，达电弧长度的 2 倍以上，因而可实现埋弧操作。电炉泡沫渣技术具有降低耐材及电极消耗、提高炉体寿命、改善三相平衡、提高功率因数、降低电耗等诸多优势。

针对该电炉炼钢模拟系统，采用85t的2号捆绑料进行两料篮冶炼，以考察熔末升温期造泡沫渣的影响，保持其他因素相同，仅改变吹碳（100kg/min）、吹氧（100Nm³/min）时刻及时长，进行不同的造泡沫渣操作。其方案及结果见表4.7。

表 4.7　造泡沫渣方案对电炉炼钢的成本影响

项目	泡沫渣方案 1	泡沫渣方案 2	泡沫渣方案 3	泡沫渣方案 4
1 号料篮熔末升温期/min	0	1	0	1
2 号料篮熔末升温期/min	0	0	2	2
冶炼时间/min	36	35	36	34
出钢量/t	86.51	86.49	86.44	86.41
出钢温度/℃	1632	1632	1632	1633
消耗电能/kW·h^{-1}	32360	32249	32353	32391
电能成本/$	18445	18382	18441	18463
废钢成本/$	14450	14450	14450	14450
添加剂成本/$	1476	1476	1476	1476
其他消耗成本/$	0	40	77	115
炼钢总成本/$	34371	34348	34444	34503
吨钢成本/$	397.31	397.13	398.49	399.28

该模拟系统中，向熔池喷吹碳、氧造泡沫渣将产生三方面影响，一是所喷碳、氧对金属熔池的冷却作用，将增加能量消耗；二是造泡沫渣后实现埋弧操作，有效减少电极末端电弧对炉壁的辐射及热损失；三是喷吹碳、氧将增加其他消耗成本，并影响元素氧化及出钢量等。综合上述几方面影响，不同时刻喷吹碳、氧将会对电炉炼钢过程产生不同的影响。

4.2.3.7　碳氧喷吹过程控制

基于电炉炼钢过程泡沫渣的产生机制，影响泡沫渣形成的因素主要有 5 个：

（1）吹氧量。增加吹氧量可促进碳-氧反应激烈进行，进而增加单位时间内 CO 气泡的发生量，在通过渣层排出时使渣面上涨、渣层加厚。

（2）熔池中的含碳量。充足的碳含量可促进碳氧反应生成 CO 气泡。

（3）炉渣的物理性质。增加炉渣黏度、降低表面张力和增加炉渣中悬浮质点数量，将提高炉渣的发泡性能和泡沫渣的稳定性。

（4）炉渣成分。在碱性炼钢炉渣中，FeO 含量和碱度对泡沫渣高度影响很大。一般来说，随 FeO 含量升高，炉渣的发泡性能变差，这可能是 FeO 使炉渣中悬浮质点溶解、炉渣黏度降低所致。

（5）温度。随温度升高，炉渣黏度降低，生成泡沫渣的条件变差。现代电炉常采用高配碳理念，一方面，渗碳作用可降低废钢熔化温度，吹氧助熔时，因碳先氧化而可减少铁的烧损；另一方面，可利用碳氧反应搅动熔池，促进渣钢反应及脱磷、去夹杂等，此外，碳氧反应有利于造泡沫渣，可提高热效率，加快升温。

在电炉炼钢模拟中，可进行喷吹碳氧控制（图 4.7）。可能的吹碳速率为 50~150kg/min，价格为 0.28 \$/kg；可能的吹氧速率为 100~150Nm³/min，价格为 0.10 \$/Nm³。吹碳可以增加钢水 C 含量，而对其他元素影响不大；吹氧可以增加渣中 FeO 含量，并进而降低 CaO、SiO₂ 及 MgO 的比例，但不会对炉渣碱度造成明显影响。

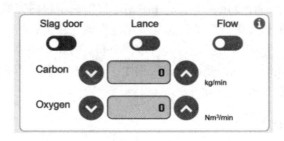

图 4.7　吹碳、吹氧控制模块

喷吹碳氧时，点击"Slag door"可以打开渣门；待其完全打开后，点击"Lance"，使喷枪插入炉内；在"Carbon"及"Oxygen"的方框内通过◌及◌或直接输入数值进行碳、氧流量的控制；最后点击"Flow"按钮，进行吹碳、吹氧操作。喷吹结束后，先点击"Flow"按钮，再点击"Lance"按钮，以退出喷枪；最后点击"Slag door"按钮，以关闭渣门。

电炉炼钢生产时，在炉料熔化过程及时吹氧，可利用元素氧化热加热、熔化炉料。当固体料发红时开始吹氧最为合适，吹氧过早则浪费氧气，过迟则增加熔化时间。熔化期吹氧助熔的初期是以切割为主，当炉料基本熔化形成熔池时，则以向钢液中吹氧为主。强化用氧技术主要有氧燃烧嘴、吹氧助熔和熔池脱碳、氧枪以及二次燃烧等技术。

针对电炉炼钢模拟系统，采用 45t 的 2 号捆绑料进行一料篮冶炼以考察吹氧的影响，保持其他因素相同，仅改变炉料熔化过程吹氧助熔时间，如表 4.8 所示。

表 4.8　吹氧方案对电炉炼钢成本的影响

项　目	吹氧方案 1	吹氧方案 2	吹氧方案 3
吹氧时间/min	0	3	5
冶炼时间/min	20	20	19
出钢量/t	45.80	45.80	45.79
出钢温度/℃	1642	1640	1641
消耗电能/kW·h⁻¹	17978	17983	18034
电能成本/\$	10247	10250	10279
废钢成本/\$	7650	7650	7650
添加剂成本/\$	1016	1016	1016
其他消耗成本/\$	0	30	50
炼钢总成本/\$	18914	18947	18996

由表可见，在该模拟系统中，保持其他因素不变，在炉料熔化过程进行吹氧不仅增加电能消耗，还增加其他消耗（氧），最终导致炼钢总成本的增加。这可能是由于本系统未考虑元素氧化产生的化学热对炉料熔化的助熔影响，而考虑了吹氧对金属熔池的冷却作用，加速了热量散失。

4.2.3.8　取样分析

现代电炉炼钢工艺的合金化，一般是在出钢过程中在钢包内完成。在合金化前，需要对当前钢液成分进行取样分析。为了提高合金化过程加入合金料的计算准确度，建议在全部炉料熔化完全后（显示熔体温度）再进行取样分析。在电炉炼钢模拟中，从发出取样指令至收到取样结果需用时 3min，建议在此过程中，通过供电优化等措施，进行钢渣温度及冶炼节奏的调整及控制。

4.2.3.9　结果评价

当钢液成分及炉渣碱度（1.5~2.5），成分 MgO 8%~12%，FeO 10%~50%等合格后，在满足出钢温度（1630~1660℃）要求下进行出钢。在出钢前，需将石墨电极抬升并保证炉盖处于关闭状态。此时，点击"Start Tapping"进行倾炉出钢，出钢后弹出如图 4.8 所示的"Cost breakdown"界面，主要包括冶炼时间、出钢量、出钢温度、钢液成分、终渣成分、总电能消耗、吨钢电耗、废钢料/添加剂/其他消耗成本及总成本、吨钢成本等信息。其中，✓表示合格，✗表示不合格。

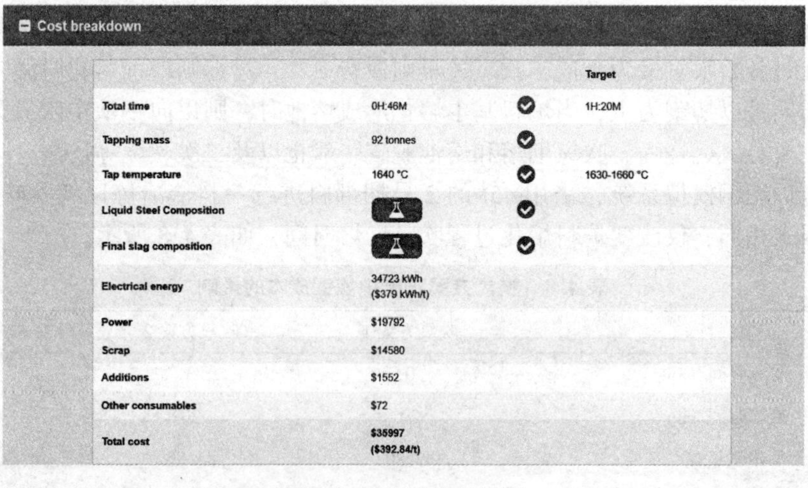

Cost breakdown			Target
Total time	0H:46M	✓	1H:20M
Tapping mass	92 tonnes	✓	
Tap temperature	1640 °C	✓	1630-1660 °C
Liquid Steel Composition	🧪	✓	
Final slag composition	🧪	✓	
Electrical energy	34723 kWh ($379 kWh/t)		
Power	$19792		
Scrap	$14580		
Additions	$1552		
Other consumables	$72		
Total cost	$35997 ($392.84/t)		

图 4.8　模拟结果反馈图

可见，在某模拟方案下，冶炼时间为 46min，出钢量为 92t；按炼钢总成本 35997 $ 与吨钢成本 392.84 $ 计算，可得出钢量为两者比值 91.63t。本方案下，所加入废钢原料及合金添加剂共计 91.71t（90t 废钢原料、0.06t 碳粉、1.37t 低碳锰铁及 0.28t 75%硅铁），可见，有部分炉料及合金添加剂经氧化而进入炉渣相。该方案下的出钢温度为 1640℃，比目标出钢温度下限值 1630℃高出 10℃。钢水温度越高，则在加热、升温过程所需的能量就越多，进而增加炼钢成本。经验表明，在出钢前的石墨电极提升及倾炉出钢过程的温降为

4~6℃，据此可对出钢温度进行精确控制。图4.8表明，在电炉炼钢过程中，电能消耗及废钢原料是影响其成本的最主要因素，而其他造渣料、合金料、碳氧及电极消耗等成本占比较小。因此，电炉炼钢过程的降成本分析可主要从优化供电制度、降低电能消耗，优化配料方案、降低废钢原料成本，缩短冶炼时间、减少热量散失，降低出钢温度、减少能量消耗，优化渣及合金料的加入方案、减少加入量及能量消耗等方面加以考虑。

在"Additional information"界面可以查看钢中部分元素（C、Si、Cr、Al、P、S）、炉渣成分及熔炼功率随熔炼时间的变化曲线，如图4.9所示，其信息更新在整分钟时刻进行。在起弧期，为了减少电弧对炉顶的辐射，通常采用较小功率，而在熔末升温期，为有效开展钢液取样、成分分析及合金化操作，可采用低功率、缓慢升温。上述操作过程及参数调整均会体现在该界面中。此外，还可查看终钢成分、终渣成分及操作记录，如图4.10和图4.11所示。

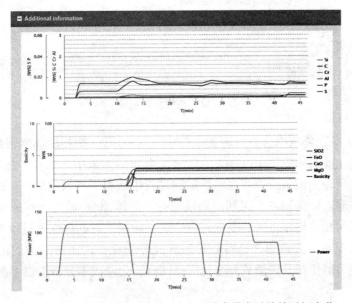

图4.9 钢液成分、炉渣成分/碱度、功率设定随熔炼时间变化

Final slag composition

Element	Current		Min	Max
Al2O3	0.2965			
CaO	26.2043			
Cr2O3	0.0571			
FeO	27.4376	✓	10	50
MgO	11.4404	✓	8	12
MnO	2.3811			
SiO2	11.0575			
P	0.1921			
S	0.0359			
Basicity	2.3698	✓	1.5	2.5

图4.10 熔炼结束后的终渣成分

```
Event Log

00:00:00 : Selected user level:: University Student
00:00:00 : Selected steel grade:: Construction Steel
00:01:11 : Scrap basket added with: No2 Bundles: 13t; No2 Heavy: 11t; No2 Bundles: 15t
00:02:00 : Power set to: 90 MW
00:03:21 : Power set to: 120 MW
00:04:29 : Additions: Dolomite: 50 kg; Fluorspar: 1700 kg; Iron Oxide: 900 kg; Lime: 500 kg
00:14:10 : Power set to: 90 MW
00:17:34 : Scrap basket added with: No2 Bundles: 13t; No2 Heavy: 11t; No2 Bundles: 8t
00:18:26 : Power set to: 90 MW
00:19:41 : Power set to: 120 MW
00:27:59 : Power set to: 90 MW
00:30:44 : Scrap basket added with: No2 Bundles: 9t; No2 Heavy: 2t; No2 Bundles: 8t
00:31:59 : Power set to: 90 MW
00:32:37 : Power set to: 120 MW
00:36:27 : Carbon flow changed (80 kg / min)
00:36:27 : Oxygen flow changed (100 Nm³ / min)
00:37:03 : Foaming slag established
00:37:04 : Foaming slag established
00:37:27 : Carbon flow changed (0 kg / min)
00:37:27 : Oxygen flow changed (0 Nm³ / min)
00:37:33 : Power set to: 75 MW
00:37:36 : Analysis Requested
00:40:36 : Analysis received
00:40:49 : Power set to: 75 MW
00:41:44 : Additions: Carbon: 60 kg; Low C Ferro-Manganese: 1370 kg; Ferro-Silicon 75: 280 kg
00:44:34 : Tapping start
00:46:28 : Tapping complete
```

图 4.11　事件日志记录

由图 4.10 可见，终渣中含有一定量的 Cr_2O_3、MnO 等，根据所加废钢及造渣剂的成分可知，上述组元主要是由钢中 Cr、Mn 等氧化所得而进入渣中。此外，终渣中的 P、S 亦高于加入造渣剂所带入的量，表明在电炉炼钢过程中获得了有效的脱 P、脱 S 效果。通过该界面，可以查看电炉炼钢各个时期的钢液成分、炉渣成分/碱度、熔炼功率等随时间的变化曲线。可以对相应操作带来的变化进行追踪，加深了对电炉炼钢过程相应操作的作用及特点的认识和理解。例如加合金料后的钢液成分变化，加渣料后的炉渣成分及碱度变化，吹氧、吹碳后的钢液及炉渣成分变化等，同时，为降成本分析提供了参考依据。

4.3　电炉炼钢模拟过程钢液成分调整分析

现代电炉炼钢的合金化一般是在出钢过程中在钢包内完成的。出钢时钢包中的合金化为预合金化，精确的合金成分调整是在精炼炉内完成的。合金化操作主要指合金加入时间与加入数量。针对合金加入时间，其总原则是：熔点高、不易氧化的元素可早加，如镍可随炉料一同加入，收得率仍在 95% 以上；熔点低、易氧化的元素晚加，如硼铁要在出钢过程中加入钢包中，回收率只有 50% 左右。针对合金加入数量，因化学成分对钢的质量和性能影响很大，现场应根据冶炼钢种、炉内钢液量、炉内成分、合金成分及合金收得率等快速准确地计算合金加入量。在合金加入时，应注意以下优先原则：

（1）优先选择价格便宜的合金，但要保证加入后钢液中 P 或 C 不超标，否则应选择低 P、C 含量的合金；

（2）因各合金料常含有 C、Si 元素，当进行 C、Si、Mn 含量调整时，需注意合金料的加入顺序。

图4.12为电炉炼钢过程炉料全部熔化后的取样分析结果，可见钢中仅C、Si、Mn含量低于所熔炼建筑钢的目标含量，需向炉内加入锰铁、硅铁合金及增碳剂进行合金化。

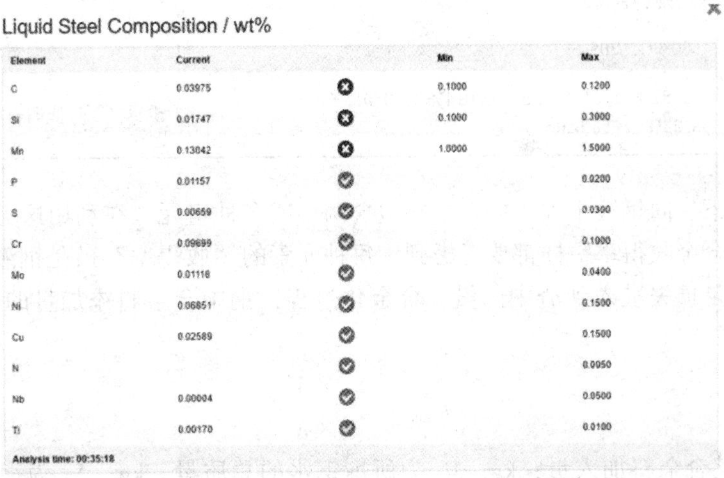

Liquid Steel Composition / wt%

Element	Current		Min	Max
C	0.03975	✗	0.1000	0.1200
Si	0.01747	✗	0.1000	0.3000
Mn	0.13042	✗	1.0000	1.5000
P	0.01157	✓		0.0200
S	0.00659	✓		0.0300
Cr	0.09699	✓		0.1000
Mo	0.01118	✓		0.0400
Ni	0.06851	✓		0.1500
Cu	0.02589	✓		0.1500
N		✓		0.0050
Nb	0.00004	✓		0.0500
Ti	0.00170	✓		0.0100

Analysis time: 00:35:18

图4.12 钢液成分取样分析

A 合金添加量的计算

电炉炼钢模拟系统所提供各合金添加剂的成分、成本等如表4.9所示。可见，对于铬碳、锰铁、硅铁等合金，系统给出了不同C、P、S含量的合金料供选择。

表4.9 在熔化和冶炼过程中可以加入的原料

添加剂	成 分	体积密度/$t \cdot m^{-3}$	形状	价格/$ · t^{-1}
铝粒	99.15%Al，0，82%Fe，0.03%Cu	2.4	鹅卵石状	1400
碳	99.9%C，0.011%S	1.0	粉末状	280
铬碳	7.82%C，0.23%Si，0.021%P，0.051%S，70.11%Cr，0.0092%Ti	3.5	鹅卵石状	590
低硫铬碳	8.12%C，0.34%Si，0.017%P，0.024%S，69.92%Cr	3.5	鹅卵石状	660
高碳锰铁	76.5%Mn，6.7%C，1.0%Si，0.03%S，0.3%P+Fe bal.	4.0	鹅卵石状	350
低碳锰铁	81.5%Mn，0.85%C，0.5%Si，0.1%S，0.25%P+Fe bal.	4.0	鹅卵石状	600
钼铁	0.044%C，0.14%Si，0.044%P，0.092%S，62.02%Mo+Fe bal.	6	鹅卵石状	16800
75%硅铁	0.08%C，60.3%Si，0.014%P，0.002%S，1.23%Al，0.05%Ti+Fe bal.	2.5	鹅卵石状	700
高纯75%硅铁	0.008%C，75.6%Si，0.003%P，0.024%Al，0.014%Ti+Fe bal.	2.5	鹅卵石状	840

添加剂	成　　分	体积密度/t·m⁻³	形状	价格/$·t⁻¹
钒铁	0.25%C, 0.72%Si, 0, 031%P, 0.081%S, 1.23%Al, 78.82%V+Fe bal.	3.5	鹅卵石状	8400
碳化硅	30%C, 70%Si	1.5	鹅卵石状	610
硅铬	1.82%C, 25.33%Si, 0.014%P, 0.015%S, 38.23%Cr+Fe bal.	3.5	鹅卵石状	940

一般情况下，向钢液中加入的合金料包含两种或多种组元。在利用这类原料时，合金中主要组元和合金收得率一样都要考虑到。每种元素的"收得率"就是钢液中元素的实际增加量，而不是损失进入到渣中的量。合金化过程，钢中合金料添加量的计算按式（4-2）进行：

$$m_{add} = \frac{\Delta x \times M_s}{\alpha \times \lambda} \qquad (4-2)$$

式中，m_{add} 为某合金料加入量，kg；M_s 为所炼钢水的总质量，kg；Δx 为钢中某元素的目标成分与当前成分差值，%；α 为所添加合金料中某元素的含量，%；λ 为该元素的收得率，此处，Mn、Si、C 的收得率均以95%计算。

具体的计算过程为：当前钢水成分为 0.03975%C、0.01747%Si、0.13042%Mn，按照出钢量91t及目标成分 0.11%C、0.20%Si、1.25%Mn（钢种目标成分中限值）进行计算。综合图4.12的取样结果及表4.9中各合金料的成分考虑，选择加入低碳锰铁、75%铁硅、碳粉等进行钢中 C、Si、Mn 的调整：

需要加入低碳锰铁的质量：

$$m_{MnFe-LC} = \frac{91000 \times (1.25\% - 0.13042\%)}{81.5\% \times 95\%} = 1315.9 \text{kg} \qquad (4-3)$$

因加入低碳锰铁而带入的 Si 含量：

$$m_{Si-1} = \frac{91000 \times (1.25\% - 0.13042\%)}{81.5\% \times 95\%} \times 0.5\% \times 95\% = 6.3 \text{kg} \qquad (4-4)$$

因加入低碳锰铁而带入的 C 含量：

$$m_{C-1} = \frac{91000 \times (1.25\% - 0.13042\%)}{81.5\% \times 95\%} \times 0.85\% \times 95\% = 10.6 \text{kg} \qquad (4-5)$$

需要加入75%硅铁的质量：

$$m_{75\%SiFe} = \frac{91000 \times (0.20\% - 0.01747\%) - 6.3}{60.3\% \times 95\%} = 279 \text{kg} \qquad (4-6)$$

因加入75%硅铁而带入的 C 含量：

$$m_{C-2} = \frac{91000 \times (0.20\% - 0.01747\%) - 6.3}{60.3\% \times 95\%} \times 0.08\% \times 95\% = 0.21 \text{kg} \qquad (4-7)$$

因此，需加入碳粉的质量：

$$m_{C粉} = \frac{91000 \times (0.11\% - 0.03975\%) - 10.6 - 0.21}{99.9\% \times 95\%} = 56.5 \text{kg} \qquad (4-8)$$

图 4.13 为加入 1315.9kg 低碳锰铁、279kg 75%硅铁及 56.5kg 碳粉进行合金化后的钢液成分取样分析结果，可见 C、Si、Mn 含量均已满足建筑钢的目标成分要求，但与所设定的中限值有微小区别。此差别主要是由于计算时所假设的出钢量、元素收得率与实际出钢量、元素收得率不同所导致。

Final steel composition / wt%				
Element	Current		Min	Max
C	0.11395	✓	0.1000	0.1200
Si	0.20548	✓	0.1000	0.3000
Mn	1.25619	✓	1.0000	1.5000
P	0.01219	✓		0.0200
S	0.00774	✓		0.0300
Cr	0.09520	✓		0.1000
Mo	0.01098	✓		0.0400
Ni	0.06730	✓		0.1500
Cu	0.02543	✓		0.1500
N		✓		0.0050
Nb	0.00004	✓		0.0500
Ti	0.00181	✓		0.0100

图 4.13　合金化后的钢液成分

B　混匀时间

应该指出的是，加入合金料后不会立即改变炉内的钢液成分，因此，在模拟时，应了解以下情况以确保各合金料有足够的熔化时间：

（1）粉末和颗粒均匀的合金比颗粒粗糙或鹅卵石形状的合金熔化速度快；

（2）随着温度的降低混匀时间增加。

C　脱磷

通常认为，磷在钢中以 [Fe$_3$P] 或 [Fe$_2$P] 形式存在，此处均用 [P] 表示。炼钢过程的脱磷反应是在金属液与熔渣界面进行的，首先是 [P] 被氧化成（P$_2$O$_5$），而后与（CaO）结合成稳定的磷酸钙，其反应可表示为：

$$2[P]+5(FeO)+3(CaO)\!=\!\!=\!\!=(3CaO \cdot P_2O_5)+5[Fe] \tag{4-9}$$

根据熔渣的离子理论，脱磷反应式可以写为：

$$2[P]+5[O]+3(O^{2-})\!=\!\!=\!\!=2(PO_4^{3-}) \tag{4-10}$$

$$K_P=\frac{a_{PO_4^{3-}}^2}{a_{[P]}^2 \cdot a_{[O]}^5 \cdot a_{(O^{2-})}^3}=\frac{f_{PO_4^{3-}}^2 \cdot w(PO_4^{3-})_\%^2}{f_{[P]}^2 \cdot w[P]_\% \cdot a_{[O]}^5 \cdot a_{(O^{2-})}^3}=L_P\frac{f_{(PO_4^{3-})}^2}{f_{[P]}^2 \cdot a_{[O]}^5 \cdot a_{(O^{2-})}^3} \tag{4-11}$$

定义 L_P 为熔渣与金属中磷浓度的比值，即磷的分配系数，取决于熔渣成分和温度：

$$L_P=\frac{w(P_2O_5)_\%}{w[P]_\%} \tag{4-12}$$

定义 C_P 为磷容，即炉渣容纳磷的能力：

$$C_P=K_P\frac{a_{(O^{2-})}^3}{f_{(PO_4^{3-})}^2} \tag{4-13}$$

则有

$$C_P=L_P \cdot \frac{1}{f_{[P]}^2 \cdot a_{[O]}^5} \tag{4-14}$$

取样分析炉渣和钢液的含磷量，可得到 L_P，应用氧浓度电池直接测定 $a_{[O]}$，再根据钢液成分和相互作用系数 ε_P^i 可求出 f_P，从而得到 C_P。这里用 C_P 进行定量讨论。

影响脱磷反应的因素主要是炼钢熔池温度，炉渣成分和金属液的成分：

（1）炼钢温度的影响。脱磷反应是强放热反应，如熔池温度降低，脱磷反应的平衡常数 K_P 增大，L_P 增大。因此，从热力学角度讲，低温对脱磷比较有利。但是，低温不利于获得流动性良好的高碱度炉渣，因此，熔池温度必须适当，才能获得最好的脱磷效果。

（2）炉渣成分的影响。主要表现为炉渣碱度和炉渣氧化性的影响。P_2O_5 属于酸性氧化物，CaO、MgO 等碱性氧化物能降低它的活度，碱度越高，渣中 CaO 的有效浓度越高，L_P 越大，脱磷越完全。但是，碱度并非越高越好。若加入过多的石灰，化渣不好，炉渣变黏，会影响熔渣的流动性，对脱磷反而不利。熔渣中（FeO）含量对脱磷反应具有重要作用，渣中（FeO）是脱磷的首要因素。随着炉渣（FeO）含量增加，L_P 增大，促进了脱磷，但作为炉渣中的碱性氧化物，（FeO）脱磷能力远不及（CaO）。当炉渣中（FeO）含量高到一定程度后，相当于稀释了炉渣中（CaO）的浓度，这样会使炉渣的脱磷能力下降。

总之，脱磷的条件为：高碱度、高（FeO）含量（氧化性）、流动性良好的熔渣、充分的熔池搅动、适当的温度和大渣量。要保证钢液脱磷的效果，还必须防止回磷现象。所谓回磷现象，就是磷从熔渣中又返回到钢液中。熔渣的碱度或氧化亚铁含量降低，或石灰化渣不好，或温度过高等，均会引起回磷现象。

随着渣中 FeO、CaO 的升高和温度的降低，渣-钢间磷的分配系数明显提高。因此，在电炉炼钢中，脱磷主要就是通过控制上面三个因素进行的。所采取的主要工艺有：

（1）强化吹氧和氧-燃助熔，提高初渣的氧化性；

（2）提前造成氧化性强、碱度较高的泡沫渣，并充分利用熔化期温度较低的有利条件提高炉渣的脱磷能力；

（3）及时放掉磷含量高的初渣并补充新渣，防止温度升高和出钢时下渣回磷；

（4）采用喷吹操作强化脱磷，即用氧气将石灰与萤石粉直接吹入熔池，脱磷率一般可达 80%；并能同时进行脱硫，脱硫率接近 50%；

（5）采用无渣出钢技术，严格控制下渣量，把出钢后磷降至最低，一般下渣量可控制在 2kg/t，对于 P_2O_5 含量为 1% 的炉渣，其回磷量不大于 0.001%。

出钢磷含量的控制应根据产品规格、合金化等情况综合考虑，一般应小于 0.02%。

D　脱硫

钢液的脱硫主要通过两种途径来实现，即炉渣脱硫和气化脱硫。一般炼钢操作条件下，炉渣脱硫占主导。渣钢间的脱硫反应可以认为是这样进行的：钢液中的硫先扩散至熔渣中，即 $[FeS] \rightarrow (FeS)$，进入渣中的（FeS）与游离的 CaO（或 MnO）结合成稳定的 CaS 或 MnS。根据熔渣的离子理论，脱硫反应可表示为：$[S]+(O^{2-})=(S^{2-})+[O]$。在酸性渣中几乎没有自由的 O^{2-}，因此酸性渣脱硫作用很小；而碱性渣则不同，具有较强的脱硫能力。

上式反应的平衡常数可写为：

$$K_S = \frac{a_{(S^{2-})} \cdot a_{[O]}}{a_{[S]} \cdot a_{(O^{2-})}} = \frac{w(\%S) \cdot f_{(S^{2-})} \cdot a_{[O]}}{w[\%S] \cdot f_{[S]} \cdot a_{(O^{2-})}} \tag{4-15}$$

式中，$f_{(S^{2-})}$、$f_{[S]}$ 及 $a_{(O^{2-})}$、$a_{[O]}$ 分别为熔渣和金属中硫的活度系数及氧的活度。

定义 L_S 为熔渣与金属中硫浓度的比值，即硫的分配系数，其值取决于熔渣成分和温度：

$$L_S = \frac{w(\%S)}{w[\%S]} = K_S \cdot \frac{a_{(O^{2-})}}{f_{(S^{2-})}} \cdot \frac{f_{[S]}}{a_{[O]}} \tag{4-16}$$

定义 C_S 为硫容，即炉渣容纳硫的能力：

$$C_S = K_S \cdot \frac{a_{(O^{2-})}}{f_{(S^{2-})}} \tag{4-17}$$

则有

$$C_S = L_S \cdot \frac{a_{[O]}}{f_{[S]}} \tag{4-18}$$

取样分析炉渣中和钢液中的含硫量，可求出 L_S；应用氧浓度电池，可直接测定 $a_{[O]}$；根据钢液成分和相互作用系数 ε_j^i，可算出 $f_{[S]}$，从而可以定量确定 C_S。

影响钢渣间脱硫反应的因素主要有熔池温度、炉渣成分和钢液成分：

(1) 炼钢温度的影响。钢渣间的脱硫反应属于吸热反应，因此，高温有利于脱硫反应进行。温度的重要影响主要体现在高温能促进石灰溶解和提高炉渣的流动性。

(2) 炉渣碱度的影响。炉渣碱度高，游离 CaO 多，或 $a_{(O^{2-})}$ 增大，有利于脱硫。但过高的碱度，常导致炉渣黏度增加，反而会降低脱硫效果。

(3) 炉渣中 (FeO) 的影响。从热力学角度可以看出，(FeO) 高不利于脱硫。当炉渣碱度高、流动性差时，炉渣中有一定量的 (FeO)，有助于熔化渣。

(4) 金属液成分的影响。金属液中 [C]、[Si] 能增加硫的活度系数 $f_{[S]}$，降低氧活度 $a_{[O]}$，有利于脱硫。

总之，脱硫的有利条件为：高温、高碱度、低 (FeO) 含量（氧化性）、良好流动性。电炉内的脱硫措施有：出钢时，加入 CaO 基脱硫合成渣；加铝脱氧，实现很低的氧活度。

电炉炼钢模拟过程中，可加入石灰石、白云石或萤石等进行脱硫。加入的渣剂越多，脱除的硫量越多，但是成本也越高。渣中高 CaO 和 Al_2O_3 是非常重要的，较高 CaO 含量的炉渣的硫分配比 L_S 较高，更有利于脱硫。一般来说，温度高于 1600℃ 且溶解氧低时，有利于脱硫。

4.4 成本优化分析

电炉炼钢过程的总成本主要由电能消耗成本及废钢原料成本组成，两者之中，废钢原料成本的影响最为显著，且不同配料方案下的成本差异较大，见表 4.10。此外，渣料及合金料成本及其他消耗成本等占比较小，不同冶炼方案下的区别有限。吨钢成本除受炼钢总成本影响外，还与实际出钢量密切相关，另外还受操作者人为因素的影响，如操作熟练程度、各环节衔接紧凑度、石墨电极升降速率控制（在保证电极不折断情况下可在很大范围内变动）、出钢温度控制等。因此，在进行电炉炼钢模拟训练模块的成本优化分析时，对这些因素应予以客观看待。

针对电炉炼钢模拟系统而言，可从以下 10 个方面进行成本的优化分析：

（1）选择废钢原料成本较低的配料方案，进行目标钢种的冶炼；

（2）优化轻、重废钢的配料比例，可实现两料篮加料冶炼，与三料篮加料冶炼相比，可有效缩短电极升降及加料用时，减少热量散失，提高能量利用率；

（3）在电炉炼钢各期，持续采用超高功率熔炼，可有效缩短冶炼时间，减少热量散失，降低炼钢成本；

（4）因本系统中吹氧助熔效果并不明显，吹氧后不但造成其他消耗成本增加，还会使炉料冷却，增加能量消耗及炼钢成本；

（5）造泡沫渣可一定程度地降低炼钢成本，但吹入过多碳氧则又会增加成本；

（6）根据终渣碱度及成分要求，合理匹配造渣料加入量并尽可能少加，则不但可直接降低添加剂成本，而且减少了熔化、加热渣料所需的电能消耗；

（7）根据钢的目标成分要求及当前钢种成分，选择价格低廉的合金料进行合金化且控制其稍高于目标成分下限值，可有效减少合金料的加入量，降低成本；

（8）少取样或不取样，可减少其他消耗，缩短冶炼时间，减少热量散失；

（9）合理控制石墨电极的升降速率，可减少无效时间、缩短冶炼时间。

（10）在满足出钢温度要求的前提下，尽可能做到低温度出钢。

对于电炉炼钢模块提供的 4 类目标钢种，给出了某种配料方案下的冶炼过程成本分析，见表 4.10。其中，建筑钢的出钢温度低于其他钢种 30℃ 左右。本模拟中，建筑钢、超低碳钢及管线钢主要用重废钢和捆绑料进行配料，其废钢中不含氧化物；因渣钢反应导致某些元素进入渣相，其出钢总量略小于废钢料质量与合金添加剂质量之和，两者相差 0.5~0.7t。因工程钢含有一定量的 Cr、Mo，此处选择较多的低成本切削废钢、电炉炉尘等进行配料，其废钢总价格仅为 12750 \$，比前三种目标钢种的废钢总价格低 1810~2430 \$。但电炉炉尘、切削废钢均含有大量氧化物，熔炼后进入渣相，导致出钢总量急剧下降。此配料方案下，工程钢总出钢量远小于废钢料质量与合金添加剂质量之和，两者相差 10.63t，因出钢量的减少，增大了吨钢成本。此外，含有较多氧化物的电炉炉尘、切削废钢等，导电、导热性能差，冶炼时间长，电能消耗大，亦会增加炼钢成本。上述两因素是造成本模拟方案下工程钢吨钢成本较高的主要因素。因管线钢要求 $w[P] \leqslant 0.0065\%$，配料时选择了少量价格低廉的 2 号重废钢（$w[P] = 0.028\%$）和较多 P 含量较低（$w[P] = 0.014\%$）的 2 号捆绑料进行搭配。通过先期加入 500kg 石灰、600kg 氟石及 700kg 铁氧化物，造高碱度、高氧化性渣进行脱 P；炉料全部熔化后，加入合金添加剂（低碳锰铁、75% 硅铁，较高 P 含量）并在低温段充分脱 P，观察钢中 P 含量随时间变化曲线，满足要求后再加入 1000kg 氟石以调整炉渣碱度、MgO 含量等符合目标要求，并随后快速升温、出钢。因脱 P 任务较重，钢水在高温停留时间较长、热量散失较大，造成冶炼时间较长、电能消耗较高，引起吨钢成本增加。与超低碳钢相比，建筑钢配料时，因采用大量低廉的 2 号重废钢而使得废钢价格较低且其出钢温度（1630~1660℃）低于超低碳钢的出钢温度（1665~1695℃）约 35℃，较低的出钢温度既可降低加热钢水所需的电能消耗，又可减少其冶炼时间及热量散失。作为电炉炼钢成本构成的两大主要因素，废钢原料成本及电能消耗成本的降低，是本模拟中建筑钢比超低碳钢冶炼的吨钢成本较低的主要原因。

表 4.10 电炉冶炼不同目标钢种的成本分析

项 目	建筑钢	超低碳钢	管线钢	工程钢
1 号重废钢/t	0	0	0	0
2 号重废钢/t	25	4	7	17
厂内合金废钢/t	0	0	0	13
1 号捆绑料/t	1	0	0	0
2 号捆绑料/t	64	86	83	21
直接还原铁/t	0	0	0	7
切削废钢/t	0	0	0	26
电炉炉尘/t	0	0	0	6
废钢总体积/m³	87	77	78	82
废钢总价格/ $	14560	15180	15090	12750
冶炼时间/min	38	42	59	44
出钢量/t	91.63	90.74	91.26	80.19
出钢温度/℃	1633	1668	1658	1658
消耗电能/kW·h⁻¹	34048	34386	35479	36304
电能成本/ $	19407	19600	20223	20693
废钢成本/ $	14560	15180	15090	12750
添加剂成本/ $	1500	723	1286	894
其他消耗成本/ $	0	0	0	0
炼钢总成本/ $	35468	35503	36598	34337
吨钢成本/ $	387.07	391.24	401.05	428.21

与电炉炼钢模拟系统不同，现代电炉炼钢还可从以下几个方面进行成本优化：

（1）采用废钢预热技术。由平衡计算可知，废钢预热温度每上升 100℃ 可节约电能 20kW·h/t 钢。因此，利用电炉炼钢产生的高温烟气实现废钢预热是降低电炉冶炼电耗的重要措施，可有效降低电炉钢的生产成本。

（2）电炉炼钢兑加铁水及采用留渣留钢操作。可以增加电炉炼钢的显热供给，降低炼钢电耗、电极消耗，提高炉体寿命等。

（3）电炉复合吹炼技术。可极大地改善电炉熔池内的动力学条件，减少原料烧损及电能消耗，有效降低电炉冶炼成本。

（4）入炉原料控制技术。包括对废钢原料的破碎分选及炉料结构的智能配比，采用智能配料系统，建立优化配料的数学模型，实现智能化配料。

（5）优化造渣工艺。其主要目的是为了减少冶炼渣量和终渣氧化铁含量，也包括泡沫渣技术，即使用炉门碳氧枪向熔池内喷碳造泡沫渣。

（6）优化供电工艺。采用超高功率输入，有效缩短熔化时间，提高生产率和电、热效率，降低电耗。现代电炉通过利用智能供电模型与电极自动调节系统优化供电，可根据冶炼不同阶段的特点把握有利的加热条件，制定合宜的电炉供电制度。

（7）电炉电极降损技术。包括改善电炉操作制度，减少"搭桥"造成的塌料现象对电极的损害等，还包括电极水冷技术及电极抗氧化技术等，有效降低电极消耗。

（8）采用直流电弧炉炼钢。理论和实践均已证明：直流电弧炉与交流电弧炉相比，具有降低石墨电极消耗、降低电耗、提高炉衬寿命、减少对电网冲击和干扰等优势，有利于降低电炉炼钢成本。

4.5 电炉炼钢模拟训练报告

4.5.1 报告要求

熟悉电炉炼钢工艺原理及过程，顺利完成电炉炼钢模拟流程，并按所要求目标钢种、冶炼时间、出钢温度、终渣及终钢成分等进行出钢，最后，将模拟过程及结果分析写成文字报告，要求如下：

（1）成功开展两种废钢配料方案及造渣方案及以上的电炉炼钢模拟训练；

（2）结合所学专业知识，对模拟结果（钢水合金化、终渣碱度及成分）进行分析；

（3）分析电炉炼钢成本构成，找出其影响因素，并总结其对电炉炼钢成本的影响规律及降低炼钢成本的措施方法；

（4）记录至少三次降成本模拟过程，需给出各参数的选择及模拟结果的截图。

4.5.2 报告评分标准

电炉炼钢模拟主要从配料及熔化过程控制、终渣及终钢成分控制、冶炼时间及总成本等多方面进行模拟训练评分的综合评价。表4.11为其评分表。

表 4.11 电炉炼钢实训报告成绩评分表

分项	分值	得分	评 分 等 级
冶炼设备和 工艺流程描述	20分	16~20	对电炉的结构、功能和原理以及工艺过程叙述全面且深入，所述内容正确
		11~15	对电炉的结构、功能和原理以及工艺过程有一定描述，所述内容基本正确
		0~10	实训报告内容不完整，所述内容错误较多
过程描述及 结果分析	40分	30~40	对电炉炼钢过程描述详尽，参数的设置和调整有理论支撑，对各参数设置与冶炼状态的关系分析合理，能有效降低电炉炼钢生产成本，结果分析合理
		20~30	对电炉炼钢过程有基本描述，参数设置有一定理论依据，能简要分析冶炼成本影响因素，结果分析基本合理
		0~20	实训报告仅有简要的操作介绍
实训体会	20分	17~20	实训报告能体现冶金生产与社会、节能环保的关系，实训过程体会与感受深刻
		11~16	实训报告能较好体现冶金生产与社会、节能环保的关系，实训过程体会与感受较深刻
		0~10	实训报告未体现冶金生产与社会的关系，实训过程体会与感受简单

续表 4.11

分项	分值	得分	评 分 等 级
报告撰写格式	20分	16~20	实训报告格式规范、图文结合好
		11~15	实训报告格式较规范、图文结合较好
		0~10	实训报告格式不规范、图文结合较差
合计	100	—	

（1）基本要求（合格）

1）明晰电炉炼钢模拟系统中各参数的作用、设置原则及控制方法；

2）基于模拟系统及指导教师的具体要求，顺利完成目标钢种的模拟冶炼。

（2）能力提高（良好）

1）满足上述（1）的基本要求；

2）基于该模块的特点，通过调整配料、布料、供电、造渣、喷吹氧碳、合金化等环节，达到缩短冶炼时间、降低吨钢成本的目的，并给出相应方案。

（3）创新培养（优秀）

1）满足上述（2）的基本要求；

2）指导教师随机设定终渣碱度、MgO、FeO 含量及目标钢种成分（合金元素及 P、S 等）范围，学生可按上述要求及时、成功地完成在线模拟。

4.6　电炉炼钢模拟训练和实际电炉炼钢的不同

电炉炼钢模拟训练与实际电炉炼钢的不同之处为：

（1）只能进行不同功率档位的切换，无法实现电压、电流及电弧的有效调整；

（2）废钢原料为室温状态加入，无法实现废钢预热，从而增大了能耗及成本；

（3）在炉料加入前，无法在炉底铺设石灰等进行提前造渣操作，因系在首篮炉料加入后方能加入造渣料，故而造渣过程亦是从首篮炉料熔化后才真正开始；

（4）现代电炉可实现连续加料，而电炉炼钢模拟系统只能逐一料篮加料，待上一篮料熔化后，方能加入下一篮炉料；

（5）本模拟系统无法实现废钢兑加铁水等冶炼模式，加大了冶炼成本；

（6）本模拟中，熔化期及吹氧过程对钢中 Si、Mn 等元素的烧损影响很小，因而对造渣过程的影响也很小，使得炉渣碱度及终渣成分控制的自由度很大；

（7）本模拟中，未对电炉炼钢过程渣-钢比例有所限制或说明，终渣量与废钢原料的氧化物含量及渣料添加剂质量有关。无论是配加数十、数百千克或是数吨的渣料添加剂均可造出满足目标碱度及成分要求的终渣。随着加入渣料量的不同，其原料成本及化渣用电耗成本亦不同，进而引起最终吨钢成本的明显变化。

参 考 文 献

[1] 朱苗勇，杜钢，阎立懿. 现代冶金学（钢铁冶金卷）[M]. 北京：冶金工业出版社，2005.

[2] F. Memoli, C. Giavani, A. Grasselli. Consteel EAF and convention EAF: a comparison in maintentance

pratices [J] . La Metallurgia Italiana, 2010, 6 (1): 7-8.

[3] 汤俊平 . Consteel 连续炼钢电弧炉技术的应用 [J] . 钢铁技术, 2001, (3): 1-6.

[4] 朱荣, 田博涵 . 电弧炉炼钢成本分析及降低成本研究 [J] . 河南冶金, 2019, 27 (3): 1-7.

[5] 朱荣, 魏光升, 唐天平 . 电弧炉炼钢流程洁净化冶炼技术 [J] . 炼钢, 2018, 34 (1): 10-19.

[6] Dong K, Zhu R, Liu W J. Bottom-blown stirring technology application in Consteel EAF [J] . Advanced Materials Research, 2012, 12 (3): 639-643.

[7] 孔意文, 胡燕, 何腊梅 . 超高功率高阻抗电弧炉供电制度研究 [J] . 钢铁技术, 2010, (1): 12-16.

[8] 朱道良, 张晓克 . 降低电弧炉电极消耗初探 [J] . 宽厚板, 2013, 19 (3): 24-25.

[9] Hai X, Zhi W, Zhu H, et al. Mathematical model on heat transfer of water-cooling steel-stick bottom electrode of DC electric arc furnace [J] . Journal of University of Science & Technology Beijing, 2002, 9 (5): 338-342.

[10] 高占彪, 焦明水, 何锡江 . 对电弧炉冶炼中石墨电极消耗及使用的探讨 [J] . 炭素技术, 2009, 28 (2): 34-38.

5 二次精炼

5.1 二次精炼简介

二次精炼也称炉外精炼，是将在常规炼钢炉中完成的精炼任务，如去除杂质（包括不需要的元素、气体和夹杂）、成分和温度的调整和均匀化等任务，部分或全部地移到钢包或其他容器中进行。二次精炼是提高钢水质量、扩大钢品种的主要手段；能优化冶金生产流程，是提高生产效率节能降耗降低成本的主要方法；能衔接炼钢-炉外精炼-连铸工序。常用的二次精炼基本手段有：渣洗、真空、搅拌、加热和喷吹。

炉外精炼有以下 5 项任务：

（1）钢液成分和温度的均匀化；

（2）精确控制钢液成分和温度；

（3）脱氧、脱硫、脱磷、脱碳；

（4）去除钢中气体（氢、氮）；

（5）去除夹杂物及夹杂物形态控制。

5.2 二次精炼模拟训练

5.2.1 二次精炼模拟训练的目标

二次精炼一般对转炉冶炼或者电炉冶炼后的钢水做进一步精炼和合金化。钢铁大学网站提供的二次精炼模块包含钢包吹氩、循环脱气（RH）、CAS-OB、钢包炉（LF）和钢包脱气（VD）五种精炼模拟方式，通过二次精炼模拟训练，可掌握钢包吹氩、循环脱气装置、CAS-OB、钢包炉、钢包脱气五种精炼工艺及要点。在模拟过程中，要求从转炉中装满一包钢水，并在特定的时间获得给定成分、温度的钢水，然后把它运到适当的连铸机。在完成这一过程的同时，要将成本控制到最低，考察精炼原料选择及配比、精炼方式及组合、处理时间等关键技术参数对冶炼成本的影响。具体来说，训练的目标为：

（1）能够描述各精炼设备的结构、功能和原理，能够利用冶金原理和炼钢专业知识，进行二次精炼工艺的制定；

（2）能熟练讲述各精炼设备的主要操作控制过程，对设定的精炼参数进行合理的设置和调整，获得合格的钢水，并对冶炼结果进行分析；

（3）能够利用数学、经济学理论，分析二次精炼成本的构成，并进行冶炼成本的优化，降低模拟过程中的冶炼成本；

（4）能够指出虚拟系统中与实际生产不相符之处，进行辩证分析。

5.2.2　二次精炼模拟训练的任务

二次精炼模拟训练的任务为：

(1) 完成给定钢种的冶炼，钢水成分、温度、洁净度等达到给定标准，基于冶炼钢种设计二次精炼工艺路线；

(2) 降低冶炼成本至较低水平；

(3) 对冶炼过程和结果进行合理评价和分析。

5.2.3　二次精炼模拟参数设置与控制

5.2.3.1　二次精炼模拟界面

模拟二次精炼车间如图 5.1 所示。在模拟开始时，钢水通过转炉倒入钢包，然后直接通过钢包车运离转炉进入氩站进行吹氩搅拌钢水，使钢水成分和温度均匀。钢水出氩站正对一横向轨道，钢包处于轨道中部，钢包脱气和钢包炉（LF）在轨道的右边，CAS-OB 和循环脱气装置布置在轨道的左边。用天车将钢包运送到横向导轨上的另一个钢包车，然后由钢包车将钢水运送到指定工位。经过处理后，钢包通过天车运送到车间前方的连铸机。在运输过程中，须保证钢包运送到合适的连铸机。

钢包车从转炉到连铸机之间通过轨道运动。两个天车分布在两跨，用来在不同的钢包车之间调动钢包。

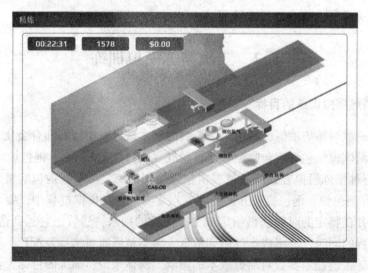

图 5.1　平台模拟所用的车间

5.2.3.2　模拟过程的控制

A　添加合金控制

添加合金是二次精炼中的重要操作过程，模拟过程中很多精炼设备（吹氩站、脱气站、CAS-OB 与 LF 炉）中均有添加合金操作。点击"加入原料"弹出合金原料添加设置窗口，选择合适的合金种类并输入适当的用量，最后点击"订单"完成合金的添加过程。如图 5.2 所示。

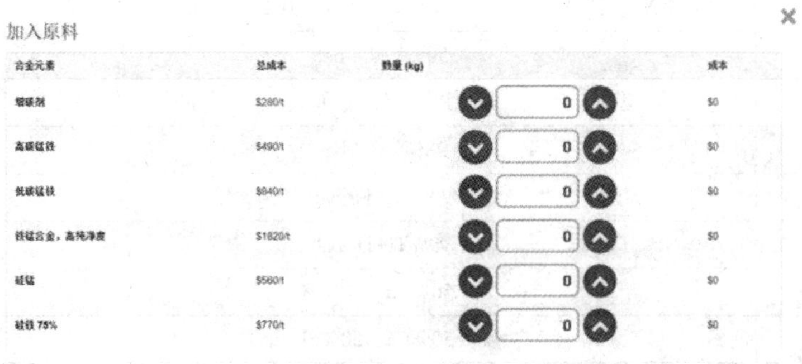

图 5.2   合金添加控制

添加合金必须综合考虑合金的种类、添加量和价格。在选择添加合金时，要使合金在钢液中快速熔化、分布均匀，价格贵的合金可优先选择粉、线或颗粒状的合金，同时，钢包吹氩可加快合金的溶解和均匀化；要尽量提高合金元素的收得率，充分考虑合金的加入时机，尤其是与氧亲和力大于铁的元素，要考虑是在脱氧前还是脱氧后加入合金；综合考虑合金料引入的有害杂质元素，谨防合金料引入过多的硫和磷等导致钢液成分不合格；要考虑合金料导致的钢液温降。

模拟过程中可以在出钢或者在每一个精炼单元处完成（吹氩站、脱气站、CAS-OB 与 LF 炉）合金的加入。一般在出钢过程批量添加散料，并在随后的阶段添加附加料。重要的是确定在钢脱氧之前还是之后添加。

选择合适的合金需要考虑添加合金成本和收得率。表 5.1 列出了不同合金添加剂的价格。表 5.2 列出了各合金元素在不同工位的收得率。

表 5.1   添加剂的成分和成本

种类	成　　　分	价格/ $ · t^{-1}
增碳剂	98%C+Fe bal.	280
高碳锰铁	76.5%Mn, 6.7%C, 1%Si, 0.03%S, 0.3%P+Fe bal.	490
低碳锰铁	81.5%Mn, 0.85%C, 0.5%Si, 0.1%S, 0.25%P+Fe bal.	840
高纯净度锰铁	49%Mn+Fe bal.	1820
硅锰合金	60%Mn, 30%Si, 0.5%C, 0.08%P, 0.08%S+Fe bal.	560
75%硅铁	75%Si, 1.5%Al, 0.15%C, 0.5%Mn, 0.2%Ca+Fe bal.	770
高纯75%硅铁	75%Si, 0.06%Al, 0.2%Mn, 0.02%C+Fe bal.	840
45%硅铁	45%Si, 2%Al, 0.2%C, 1%Mn, 0.5%Cr+Fe bal.	630
铝线	98%Al+Fe bal.	2100
铝粒	98%Al+Fe bal.	1400
硼铁合金	20%B, 3%Si, 0.2%P+Fe bal.	3780
铬铁合金	66.5%Cr, 6.4%C+Fe bal.	1260
钼铁合金	70%Mo+Fe bal.	16800

种类	成　　分	价格/$ \cdot t^{-1}$
铌铁合金	63%Nb, 2%Al, 2%Si, 2%Ti, 0.2%C, 0.2%S, 0.2%P+Fe bal.	9800
钒铁	50%V+Fe bal.	8400
磷铁	26%P, 1.5%Si+Fe bal.	630
硫铁	28%S+Fe bal.	700
镍	99%Ni+Fe bal.	7000
钛	99%Ti+Fe bal.	2800
硅钙粉	50%Ca, 50%Si	1218
硅钙线	50%Ca, 50%Si	1540

表 5.2　各合金元素在不同工位的收得率　　　　　　　　　　　（%）

元素	在脱气站,LF 炉和 CAS-OB 处的平均合金收得率	在转炉或氩站的平均合金收得率	元素	在脱气站,LF 炉和 CAS-OB 处的平均合金收得率	在转炉或氩站的平均合金收得率
C	95	66	Nb	100	70
Mn	95	66	Ti	90	63
Si	98	69	V	100	70
S	80	56	Mo	100	70
P	98	69	Ca	15	10
Cr	99	69	O	100	70
Al	90	63	N	40	28
B	100	70	H	100	70
Ni	100	70	Fe	100	70

合金的添加量计算：

（1）在最简单的情况下，一个纯元素添加到钢包，所需的添加剂量 m_{add} 简单地给出：

$$m_{add} = \frac{\Delta\%X \times 钢水质量}{100\%} \qquad (5-1)$$

式中，$\Delta\%X$ 表示 X 元素（wt%）的浓度增加量（$\%X_{aim} - \%X_{current}$）。

例如：假设一个 250000kg 的钢包目前含有 0.01%Ni。为了达到目标成分，必须添加多少元素 Ni 才能达到 1.0%Ni？

$$m_{add} = \frac{(1.0 - 0.01)\% \times 250000kg}{100\%} = 2475kg$$

（2）在许多情况下，添加"中间合金"比添加纯元素更实用或者更经济。中间合金是两种或更多组分的混合物。在这种情况下，必须考虑到中间合金中所需元素的数量。

$$m_{add} = \frac{100 \times \Delta\%X \times 钢水质量}{合金中\ \%X \times X\ 收得率} \qquad (5-2)$$

例如：一个 250t 的钢包，其铁水中含 0.12%Mn。计算高碳锰铁必须加多少才能达到 1.4%Mn。高碳锰铁中 Mn 为 76.5%，锰的收得率为 95%，则有：

$$m_{add} = \frac{100 \times (1.4 - 0.12)\% \times 250000}{76.5\% \times 95\%} = 4403kg$$

（3）在添加中间合金时，还必须注意到其他元素对整体钢组成的影响，并在必要时进行计算。给定元素的增加量由重新整理后的方程（5-3）给出：

$$\Delta\%X = \frac{m_{add} \times 合金中\%X \times X收得率}{100 \times 钢水质量} \tag{5-3}$$

例如：在上例中，计算碳的增加量。高碳锰铁包含6.7%C，C收得率为95%，则

$$\Delta\%C = \frac{4403kg \times 6.7\% \times 95\%}{100\% \times 250000} = 0.112\%C$$

显然，在某些低碳和超低碳钢中，碳的增加可能会导致其超标。在这种情况下，需要使用更昂贵的低碳或高纯度的锰铁合金。

添加合金控制成分注意事项：在真空（钢包脱气）或氩气保护（LF炉和CAS-OB）状态下，合金的收得率会变高，可减少合金的加入量，降低成本。然而，利用设备所增加的成本会抵消因合金收得率提高而降低的成本。因此总的原则是，当加入较贵重的合金时，例如FeNb，FeMo等，最好采取气体保护。

B 钢的洁净化控制

铝在钢液脱氧过程中会形成Al_2O_3颗粒，如果这些颗粒在浇注前不能上浮到渣中，便会以夹杂物的形式留在产品中。通常一定量的Al_2O_3夹杂物不会严重影响产品性能，但是一些如输送油气的管线钢等特定产品要求钢非常"洁净"，即氧化物与硫化物夹杂含量非常低。因为这些夹杂是裂纹的萌生处，会降低钢材的质量。在二次精炼过程中，考虑到脱氧对氧化铝形成的广泛影响，要确保有足够的时间让Al_2O_3颗粒上浮去除，钢包的软吹搅拌可以加速这一过程。

铝脱氧生成Al_2O_3的平均粒径（即浮选率）取决于初始溶解氧含量。较高的初始溶解氧含量（氧含量大于0.02%），会形成较大的Al_2O_3颗粒，根据斯托克斯定律（如式5-4所示），可知夹杂物会相对较快地漂浮到炉渣层。当初始溶解氧含量较低时，会导致生成的Al_2O_3颗粒较小，其上浮的时间较长。

斯托克斯定律说明了夹杂物上浮速率与夹杂物直径的平方成正比：

$$u = \frac{gd^2\Delta\rho}{18\eta} \tag{5-4}$$

式中，u为球形夹杂物或气泡上浮的最终速率；d为球形夹杂物或气泡的直径；$g = 9.81m/s^2$；$\Delta\rho$为钢液与夹杂物的密度差；η为1600℃钢液黏度（$\approx 6.1 \times 10^{-3}N \cdot s/m^2$）。

在模拟中，希望能准确计算脱氧所需铝的量从而可以一次命中，如果不得不再加铝调整时，低溶解的氧含量将导致非常小的Al_2O_3夹杂物的形成，从而很难将其从钢液中去除，需要的吹氩时间也会更长一些。表5.3给出了不同初始溶解氧下获得"非常低"夹杂物水平所需的时间，对于"低"水平，时间可大约缩短20%；而"合适"水平，则缩短约40%。

表5.3 不同初始溶解氧下获得"非常低"夹杂物水平所需的时间 （min）

初始溶解 $O/\times10^{-6}$	没有搅拌	有搅拌
600	14	5

续表 5.3

初始溶解 O/×10⁻⁶	没有搅拌	有搅拌
100	47	15
30	108	36

C   温度控制

为了使钢包以合理的温度到达连铸机，了解不同工艺下钢水温度的变化显得很重要。为了防止钢液温度降低到液相线（在这个温度钢液开始凝固）以下，影响连铸工序的进行，须提前明确液相线温度 T_{liq}。液相线温度决定于钢水成分，可通过下式进行计算。

对于 $w[C] < 0.5\%$:

$$T_{liq} = 1537 - 73.1w[\%C] - 4w[\%Mn] - 14w[\%Si] - 45w[\%S] - 30w[\%P] -$$
$$1.5w[\%Cr] - 25w[\%Al] - 3.5w[\%Ni] - 4w[\%V] - 5w[\%Mo] \tag{5-5}$$

对于 $w[C] > 0.5\%$:

$$T_{liq} = 1537 - 61.5w[\%C] - 4w[\%Mn] - 14w[\%Si] - 45w[\%S] - 30w[\%P] -$$
$$1.5w[\%Cr] - 2.5w[\%Al] - 3.5w[\%Ni] - 4w[\%V] - 5w[\%Mo] \tag{5-6}$$

不同工序处理的温降见表 5.4。制定二次精炼计划时，须考虑各个工序的温降，防止冻钢，还要降低由于加热带来的成本增长。

表 5.4   不同工序处理的温降

工位	处理温降	工位	处理温降
出钢	~60℃	CAS-OB	~1.5℃/min
转运过程	0.5℃/min	罐式脱气	~1.0℃/min
氩站	~1.5℃/min	添加合金	平均添加 1000kg 降低 6℃
钢包炉	最大功率运行时，升温速度为 3℃/min	铝脱氧	RH 或 CAS-OB 下喂铝丝，100kg 铝氧化能使 1t 钢水温度升高 12℃
循环脱气	~1.0℃/min	氩气搅拌	~1.5℃/min

LF 中电加热是钢水升温的主要方式，电加热过程中，钢水温度的变化计算如下：

通过 ΔT 提高金属液温度所需的能量 E，假设效率为 100%，则有

$$E = mc_p\Delta T \rightarrow \Delta T_{th} = \frac{E}{mc_p} \tag{5-7}$$

式中，m 为金属液质量，kg；c_p 为常压下的比热容，J/(kg·℃)。

因此，理论升温速率为

$$\left(\frac{dT}{dt}\right)_{th} = \frac{dE}{dT} \cdot \frac{1}{mc_p} = \frac{P}{mc_p}$$

式中，P 为加热功率，MW。

ΔT 内温度上升为

$$\Delta T_{th} = \frac{P\Delta T}{mc_p}$$

当然，加热效率不可能达到100%，热量会在电极、气氛、耐火材料等中损失。电极效率 η 定义为实际与理论加热的比值：

$$\eta = \frac{\Delta T_{act}}{\Delta T_{th}} \rightarrow \Delta T_{act} = \frac{\eta P \Delta T}{mc_p}$$

或用所需温度增量 ΔT_{req} 表示加热时间：

$$\Delta t = \frac{mc_p \Delta T_{req}}{\eta P}$$

例如：金属液比热容 c_p 约为 $0.22kW \cdot h/(t \cdot ℃)$，如果钢包电弧炉的功率 P 为 20MW，计算加热250t钢水升温15℃所需时间，假设电极效率55%。

$$\Delta t = \frac{250t \times 0.22kW \cdot h/t \cdot ℃^{-1} \times 15℃}{0.55 \times 2000kW} = 0.075h = 4.5min$$

D　化学分析

在精炼过程（吹氩站、脱气站、CAS-OB与LF炉）中，随时按"化学分析"按钮查看最近的化学分析结果。当然，从上次分析到当前，钢的化学成分可能已经发生了变化。要启动新的分析，请按"新建样本"按钮。注意合金添加到钢包中后，需要等合金溶解和均匀化后再取样，即在加入合金后测定钢水成分时，需要等待一段时间，以确保合金完全溶解均匀。等待时间的长短通常取决于：

（1）合金粒径：粉末、细丝和小夹杂物状合金比大块和棒状合金溶解快；

（2）搅拌：氩气鼓泡搅拌钢水可加快溶解和成分均匀，搅拌越强速度越快；

（3）温度：温度降低，溶解和均匀化时间会变长。

E　查看模拟结果与日志寻找改进方向

当你将钢包放置在任何一个连铸机上的时候，模拟将结束，同时运行的结果会展示出来，包含全部操作的花费（单位：$/t）。结果的示例如图5.3所示，展示出五个模拟成功的标准（时间、温度、夹杂物、铸机和成分）。点击事件日志，可以帮助你分析模拟结果。根据最终钢水成分处在钢水要求成分范围中的位置，适当地调整合金的添加量；根据夹杂物水平，调整氩气的通入时间，根据钢水温度，确定合理的温度控制措施，节省成本。

此外，还可以点击成分按钮来观察成分随时间的变化。

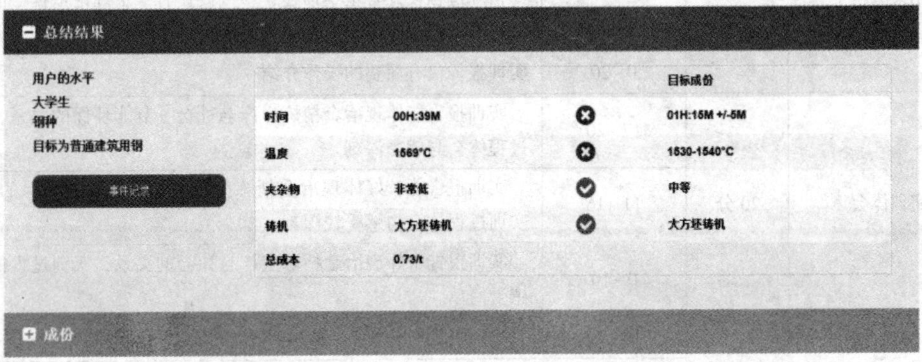

图5.3　实验结果截图

事件日志保留了所有按照时间记录的主要处理步骤，包括合金的添加。这对于追溯你在模拟过程中所做的工作非常有用。它可以帮助你在模拟结束时分析结果，因为日志通常会包含一些线索，可有助于说明您为什么通过了这些标准或没有通过那些标准等。

5.2.4　二次精炼模拟训练报告的要求

熟练掌握各二次精炼设备的基本原理及操作控制过程，熟练地完成二次精炼模拟流程，并根据模拟系统要求的精炼时间范围获得钢水成分、温度、洁净度等满足要求的钢水，并将钢水送上规定的连铸机。最后，将二次精炼的基本原理、模拟控制过程以及成本影响因素等形成文字报告。具体要求如下：

（1）对二次精炼模拟操作过程进行准确翔实的描述；

（2）通过改变合金料的种类用量、精炼设备、操作控制等设计实验方案，并对比各因素对成本的影响规律；

（3）结合专业知识对模拟结果进行评估，找出优化方案。

5.2.5　二次精炼模拟训练评分标准

二次精炼模拟训练评分标准主要涵盖实训内容、冶炼工艺描述、实训体会以及报告撰写格式等，其中重点考察冶炼过程描述以及成本影响因素的描述。二次精炼模拟实训报告评分标准见表5.5。

表 5.5　二次精炼实训报告成绩评分表

分项	分值	得分	评 分 等 级
冶炼设备和工艺流程描述	20分	16~20	对精炼设备的结构、功能和原理以及工艺过程叙述全面且深入，所述内容正确
		11~15	对精炼设备的结构、功能和原理以及工艺过程有一定描述，所述内容基本正确
		0~10	实训报告内容不完整，所述内容错误较多
过程描述及结果分析	40分	30~40	精炼过程设计与描述详尽，参数的设置和调整有理论支撑，对各参数设置与钢水状态的关系分析合理，能有效降低虚拟精炼成本，结果分析合理
		20~30	精炼过程设计有基本描述，参数设置有一定理论依据，能简要分析冶炼成本影响因素，结果分析基本合理
		0~20	实训报告仅有简要的操作介绍
实训体会	20分	17~20	实训报告能体现冶金精炼生产与社会、节能环保的关系，实训过程体会与感受深刻
		11~16	实训报告能较好体现冶金精炼生产与社会、节能环保的关系，实训过程体会与感受较深刻
		0~10	实训报告未体现冶金精炼生产与社会的关系，实训过程体会与感受简单
报告撰写格式	20分	16~20	实训报告格式规范、图文结合好
		11~15	实训报告格式较规范、图文结合较好
		0~10	实训报告格式不规范、图文结合较差
合计	100	—	

5.3　精炼钢种分析与精炼计划制定

"钢铁大学"网络平台的二次精炼模块提供了四个钢种模拟二次精炼的过程。分别是建筑钢、TiNb 超低碳钢、管线钢和工程钢。二次精炼过程中，针对特定的钢种成分特点，需要选择合适的精炼方式，制定合理的精炼路径。为此，首先需要了解平台提供的五种精炼方式的功能。各种精炼设备的功能见表5.6。

表 5.6　各精炼设备的功能

设　备	脱 C	脱 S	脱气	脱 P	脱 O	升温	合金调整	备　注
钢包吹氩	无	无	无	无	强	无	强	促进夹杂物上浮
循环脱气 RH	强	有限	强	有限	强	强	强	需要 Al 氧化升温
CAS-OB	无	无	无	有限	强	强	强	盖上盖子底吹 Ar
钢包炉 LF	无	强	无	有限	强	强	强	造高碱度还原渣
钢包脱气 VD	有限	强	强	有限	有限	无	有限	脱硫需要造碱性渣

5.3.1　建筑钢

在开始模拟之前，制定一个周密的计划很重要。首先是对比出钢时和浇铸时钢水温度和成分的差别。出钢时，钢水成分可以在出钢后点击"化学分析"按钮后弹出的窗口中获得。建筑钢是一类要求不高的钢种，表5.7列出了建筑钢在二次精炼过程中的成分控制要求，可以发现建筑钢仅需要添加 C、Si、Mn、Al 和 Nb，除了脱氧外，不需要特殊的处理来去除元素。二次精炼处理工序需要的工艺很简单，可以在氩站、钢包炉和 CAS-OB 中完成。先对钢水进行脱氧，然后调整 C、Si、Mn、Al 和 Nb 的含量。

表 5.7　建筑钢成分要求　　　　　　　　　　　　　　（%）

元素	出钢钢水成分	目标成分	目标含量最小值	目标含量最大值	需要的处理过程
C	~0.0500	0.1450	0.1300	0.1600	添加
Si	~0.0000	0.2000	0.1500	0.2500	添加
Mn	~0.1200	1.4000	1.3000	1.5000	添加
Al	~0.0000	0.0350	0.0250	0.0450	添加
Nb	~0.0000	0.0500	0.00350	0.0500	添加
O	~0.0400	<0.0010	—	0.0010	脱除

5.3.1.1　脱氧计算

铝是一种常用的强脱氧剂，控制钢水中的氧含量的化学反应为：

$$2[\text{Al}]+3[\text{O}]\longrightarrow(\text{Al}_2\text{O}_3),\ \Delta H \qquad K_{\text{Al-O}}=\frac{a_{\text{Al}_2\text{O}_3}}{a_{\text{O}}^3\cdot a_{\text{Al}}^2} \qquad (5-8)$$

式中，$\lg K_{Al-O} = \dfrac{62780}{T} - 20.5$；$a_O = \sqrt[3]{\dfrac{a_{Al_2O_3}}{K_{Al-O} \cdot a_{Al}^2}}$。

铝脱氧是放热反应，在较低的温度下，铝的脱氧效率较高。铝和氧反应将形成 Al_2O_3，假设化学计量两个 Al 原子（54 质量单位）与 3 个氧原子（48 质量单位）反应，因此，脱氧所需的铝的质量百分比是：

$$w(\%Al)_{脱氧} \approx \frac{54}{48} w[\%O]_{初始} \tag{5-9}$$

在计算所需的总铝添加量时，必须将该值添加到钢的目标（或残余）Al 成分中。即

用于脱氧的铝 + 目标铝含量 = 所需铝总量

例如，氧含量为 450ppm（0.045%）的 250t 钢包在出钢过程中进行 Al 脱氧。假定 Al 回收率为 60%，目标 Al 组成为 0.04%，则计算所需的 98% 铝合金添加量可按如下方式计算：

用于脱氧的铝（54/48）×0.045% = 0.051%，目标铝为 0.040%，那么，所需铝总量为 0.091%。

铝合金添加的质量

$$m_{Al} = \frac{100\% \times 0.091\% \times 250000\text{kg}}{98\% \times 60\%} = 386\text{kg}$$

这里要特别注意，脱氧后，钢在冷却时，Al-O 溶度积也会变低。Al 和 O 会继续反应，形成非常细小的 Al_2O_3 夹杂物。对于夹杂物净化等级要求较高的钢种，要确保这些夹杂物有足够的时间上浮，否则夹杂物将存在于最终的产品中。为了确保铝脱氧产物不影响钢水夹杂物含量，最好能将铝一次性加入钢液中。最好能在其他合金特别是贵重合金添加前，就完成脱氧。

5.3.1.2　合金的添加计算

合金添加应该在脱氧完成后进行，模拟建筑钢过程中合金的加入量可按以下方法计算得出：

$$m_{合金} = \frac{(w_2 - w_1)\% \times m_{钢液}}{w_{合金元素}\% \times \alpha_{合金元素}\%} \tag{5-10}$$

式中，$m_{合金}$ 为合金的加入量，kg；$w_{合金元素}$ 为合金中元素含量，%；w_1 为钢液初始合金元素含量，%；w_2 为钢液目标合金元素含量，%；$\alpha_{合金元素}$ 为合金元素的收得率，%；$m_{钢液}$ 为钢液质量，kg。

在大多数情况下，从实用和经济方面考虑，往往加入的合金不是只含一种元素的合金，一般会包含两种或两种以上元素。例如，主要用于增锰的高碳锰铁，除了主要合金元素锰外，还含有一定量的碳及微量有害杂质元素磷。因此，在计算该合金添加剂用量的同时，要综合考虑其所引入的其他元素含量。引入元素的含量可由下式进行计算：

$$\Delta w_{引入元素} = \frac{m_{合金} \times w_{引入元素} \times \alpha_{引入元素}}{m_{钢液}} \tag{5-11}$$

式中，$\Delta w_{引入元素}$ 为合金引入钢液其他元素的增加量，%；$m_{合金}$ 为合金的加入量，kg；$w_{引入元素}$

为合金中引入其他元素的含量,%;$\alpha_{引入元素}$为合金中引入其他元素的收得率,%;$m_{钢液}$为钢液质量,kg。

建筑钢二次精炼模拟过程中,需要对钢水增锰,100t 转炉出钢锰含量为 0.12%,精炼目标锰含量为 1.40%。尝试利用高碳锰铁对其增锰,在 LF 站进行锰合金化。高碳锰铁成分为 76.5%Mn、6.7%C 和 1%Si 等,其在 LF 站理论收得率为 95%,通过理论计算,需要加入高碳锰铁含量为:

$$m_{高碳锰铁} = \frac{(1.4 - 0.12)\% \times 100000\text{kg}}{76.5\% \times 95\%} = 1761\text{kg}$$

高碳锰铁引入的碳含量:

$$\Delta w_C = \frac{1761\text{kg} \times 6.7\% \times 95\%}{100000\text{kg}} = 0.112\%$$

同样还可以计算高碳锰铁引入的磷的含量变化。

5.3.2 TiNb 超低碳钢

TiNb 超低碳钢成分精炼要求见表 5.8,需要添加 Si、Mn、P、Al、B、Nb 和 Ti,脱除 C 和 O。汽车用钢属于超低碳钢,通常碳的脱除不能仅仅依靠吹氧来实现,否则铁损较大。实际生产过程中,超低碳钢都是通过钢包循环脱气 RH 的方法来冶炼的。因为 RH 具有真空和动力学条件优异的特点。

表 5.8　TiNb 超低碳钢二次精炼成分要求　　　　　　　　　　　　　　　(%)

项目	出钢钢水成分	目标成分	目标含量最小值	目标含量最大值	需要的处理过程
C	~0.0300	0.0030	0.0020	0.0040	脱除
Si	~0.0000	0.2100	0.1500	0.2500	添加
Mn	~0.1000	0.7500	0.6500	0.8500	添加
P	~0.0080	0.0650	0.0550	0.0750	添加
Al	~0.0000	0.0450	0.0300	0.0550	添加
B	~0.0001	0.0030	0.0010	0.0050	添加
Nb	~0.0000	0.0200	0.0100	0.0300	添加
Ti	~0.0000	0.0300	0.0200	0.0350	添加
O	~0.0600	—		<0.0005	脱除

在真空脱气过程中,从钢中去除溶解的碳的反应如下:

$$[C] + [O] \longrightarrow CO(g), \quad K_{C-O} = \frac{p_{CO}}{a_C a_O} \tag{5-12}$$

K_{C-O} 为真空下碳氧反应的平衡常数,对于低浓度 C 和 O,活度等于它们的浓度,因此:

$$K_{C-O} = \frac{p_{CO}}{w[\%C] \cdot w[\%O]} \tag{5-13}$$

查反应的自由能数据带入可得

$$\lg K_{C-O} = \frac{1168}{T} + 2.07 \tag{5-14}$$

脱碳速率由以下关系给出:

$$\ln\left\{\frac{w[\%C]_f - w[\%C]_{equ}}{w[\%C]_i - w[\%C]_{equ}}\right\} = -k_C \cdot t \tag{5-15}$$

式中　$w[\%C]_f$ 为时间 t 时的碳百分浓度;$w[\%C]_i$ 为初始碳百分浓度;$w[\%C]_{equ}$ 为平衡碳浓度;k_C 为脱碳速率常数,$\min^{-1}$。

对上式变形如下:

$$w[\%C]_f = w[\%C]_{equ} + (w[\%C]_i - w[\%C]_{equ})\exp(-k_C \cdot t)$$

对于 RH 循环脱气,速率常数由以下关系给出:

$$k_C = \frac{Q}{V_b\rho} \cdot \frac{q}{\frac{Q}{\rho} + q} \tag{5-16}$$

式中,Q 为钢液循环率,kg/min;V_b 为钢包中钢水的体积,m^3;ρ 为钢水密度,$\rho = 7200kg/m^3$;q 为脱碳的体积传质系数,m^3/min。

对于这个模型,可以取 $Q = 80000kg/min$,V_b(钢质量/密度)$= 250000/7200 = 34.7m^3$,$q = 18min^{-1}$ 的典型值。将这些值代入上面的等式,得:

$$k_C = \frac{80000}{34.7 \times 7200} \cdot \frac{18}{\frac{80000}{7200} + 18} = 0.164min^{-1}$$

根据热力学可以算出平衡碳含量 $w[\%C]_{equ}$ 为 0.0015%,将 $0.045\%C$ 钢脱碳至 $0.002\%C$ 需要多长时间?

$$t = -\frac{1}{k_C} \cdot \ln\left\{\frac{w[\%C]_f - w[\%C]_{equ}}{w[\%C]_i - w[\%C]_{equ}}\right\} = -\frac{1}{0.164} \cdot \ln\left\{\frac{0.002 - 0.0015}{0.045 - 0.0015}\right\} \approx 27min$$

5.3.3　管线钢

管线钢精炼成分要求见表 5.9。输送气体用管线钢要求极低的硫和氢含量,以避免钢材在使用过程中引起脆性断裂;需要添加 C、Si、Mn、Al、Nb 和 Ca,在精炼的过程中要同时脱除 S、H 和 O。整个二次精炼过程非常复杂,第一步出钢需要高碱度预熔渣,底吹氩气加铝脱氧的同时脱硫;第二步脱气处理;第三步最后调整成分 C、Si、Mn、Nb、Ca 和温度。这个过程,脱气精炼设备可以选用 VD 和 RH。CAS-OB 脱气作用较弱,不建议使用。添加 Ca 时,由于 Ca 比较活跃,需要在保护气氛中加入,否则烧损大。精炼处理的温降较大时,可以在 LF 调整温度和成分。管线钢对夹杂物要求较高,处理过程中特别要注意脱氧后的吹氩时间,确保夹杂物充分地上浮去除。

表 5.9　管线钢二次精炼成分要求　　　　　　　　　　　　(%)

项目	出钢钢水成分	目标成分	目标含量最小值	目标含量最大值	需要的处理过程
C	~0.0500	0.0700	0.0600	0.0800	添加
Si	~0.0000	0.1800	0.1300	0.2300	添加

续表 5.9

项目	出钢钢水成分	目标成分	目标含量最小值	目标含量最大值	需要的处理过程
Mn	~0.1200	1.0500	1.0000	1.1000	添加
S	~0.0080	–		0.0030	脱除
Al	~0.0000	0.0300	0.0250	0.0350	添加
Nb	~0.0000	0.0150	0.0120	0.0180	添加
Ca	~0.0000		0.0010	0.0050	添加
H	~0.0004			0.0002	脱除
O	~0.0400			0.0007	脱除

5.3.3.1 脱氢

金属液中溶解的氢以形成氢气的方式脱除，化学方程式如下：

$$[H] \longrightarrow \frac{1}{2}H_2 \ (g), \quad K_{H-H_2}=\frac{\sqrt{P_{H2}}}{a_H} \tag{5-17}$$

$$\lg \frac{w[H]}{(p_{H2})^{\frac{1}{2}}}=-\frac{1900}{T}+2.423 \tag{5-18}$$

理论上，现代脱气设备可把压力降到 0.1kPa。在最佳操作条件下，钢中氢含量可控制在 1×10^{-6} 以下。但是实际情况下，在钢包底部铁水静压力大约为 0.5MPa，由方程（5-18）可知，在 1600℃ 下钢包底部氢平衡浓度为 57×10^{-6}，因此需要钢液高循环率和剧烈搅拌，使金属液充分脱气。

脱氢动力学主要是金属液中氢的传质行为，其速率方程如下：

$$\ln\left\{\frac{w[H]_f-w[H]_{equ}}{w[H]_i-w[H]_{equ}}\right\}=-k_H \cdot t \rightarrow w[H]_f=w[H]_{equ}+(w[H]_i-w[H]_{equ})\exp(-k_H \cdot t)$$

$$\tag{5-19}$$

式中，$w[H]_f$ 为 t 时间后氢浓度的质量分数，$\times10^{-6}$；$w[H]_i$ 为初始氢浓度，$\times10^{-6}$；$w[H]_{equ}$ 为平衡时的氢浓度，$\times10^{-6}$；k_H 为脱氢速率常数，min^{-1}。

在钢包脱气 VD 中，速率常数 k_H 主要由氩气搅拌气流速率决定。对于当前的模拟做如下假设，见表 5.10

表 5.10 不同脱气方式下的速率常数 k_H

设备	k_H/min^{-1}
钢包脱气	$0.0576\ \dot{V}+0.02$，$\dot{V}$ 为氩气流率，Nm^3/min
二次循环脱气	0.13

5.3.3.2 脱硫

钢包脱硫是利用渣钢反应进行的，具体的化学反应为：

$$3(CaO) + 2[Al] + 3[S] \longrightarrow 3(CaS) + (Al_2O_3) \tag{5-20}$$

在转炉出钢时，要添加 CaO 基合成脱硫渣。在出钢之前，可以选择在模拟开始前添加 CaO/CaO-Al₂O₃ 基合成渣。在模拟控制面板上使用滑块指定要添加的炉渣质量。添加的炉渣越多，可以除去的硫越多。但这必须考虑炉渣的成本。铝脱氧钢需要氧活度非常低，否则铝将优先与 O 反应，不会参与脱硫。此外，使用底吹氩气体强搅拌钢液能使金属溶液和渣彻底混合，有助于脱硫。

高 CaO 浓度的精炼渣具有较高的硫分布比 L_S，因此能更有效地去除硫。然而，CaO 含量越高，炉渣熔点也越高，化渣的难度也越大，动力学条件也就不好。

在理论上，对于给定的炉渣平衡硫浓度 $w[\%S]_{equ}$：

$$w[\%S]_{equ} = w[\%S]_0 \cdot \frac{\left(\dfrac{1}{L_S} \cdot \dfrac{m_m}{m_s}\right)}{1 + \left(\dfrac{1}{L_S} \cdot \dfrac{m_m}{m_s}\right)} \tag{5-21}$$

式中，$w[\%S]_0$ 为初始硫浓度，%；L_S 为硫的分配比，$w(\%S)/w[\%S]$；m_s 为炉渣的质量，kg；m_m 为钢液质量，kg。

为了将硫脱除到指定硫浓度需要添加多少炉渣？设定 $w[\%S]_{aim} = w[\%S]_{equ}$，则有

$$m_s = \frac{m_m}{L_S} \cdot \left(\frac{w[\%S]_0 - w[\%S]_{aim}}{w[\%S]_{aim}}\right) \tag{5-22}$$

L_S 值为炉渣组成、钢中溶解铝含量、温度等的复合函数。显然，要减少脱硫渣的用量和成本，需要 L_S 高的炉渣。选择 CaO/Al₂O₃ ≈ 1.2，充分利用铝脱氧，温度在 1600℃ 以上时，能够实现 L_S 值达到 500 及以上。

例如：假设钢水硫浓度为 0.008%，硫分配比 L_S 为 500。为了达到硫含量 0.002% 的水平，必须在 250t 的钢水中加入脱硫渣的最低量是多少？

$$m_s = \frac{250}{500}\left(\frac{0.008\% - 0.002\%}{0.002\%}\right) = 1.5t$$

脱硫速率是受液相传质控制。为了实现快速脱硫，钢液与渣需要有良好的混合。钢包在高真空度的情况下使用高强度氩气搅拌可以实现同时脱气和脱硫。

金属液温度和成分的均匀化主要由喷入气体的搅拌引起的。用以下公式计算搅拌功率。

$$\varepsilon = 14.23\left(\frac{VT}{m}\right)\lg\left(\frac{1+H}{1.48p_0}\right) \tag{5-23}$$

式中，ε 为搅拌功率，W/t；V 为气体流率，Nm³/min；T 为金属液温度，K；m 为金属液质量，t；H 为气体入射深度，m；p_0 为金属液表面气压，×0.1MPa（在空气下金属液表面压力为 0.1MPa）。

当 ε 值在较低时，脱硫速率常数增加很慢；但 ε 在 70W/t 以上时，k_S 迅速增加。这是由于乳化渣和钢液需要一个临界搅拌功率密度的原因。模拟过程中，可以假设：

$$k_S = 0.031\varepsilon^{0.25} \quad 当 \varepsilon < 70W/t$$
$$k_S = 8 \times 10^{-6}\varepsilon^{2.1} \quad 当 \varepsilon > 70W/t$$

$$t = \frac{\ln\left\{\dfrac{w[\%S]_t}{w[\%S]_0} \cdot \left(1 + \dfrac{1}{L_S} \cdot \dfrac{m_m}{m_S}\right) - \dfrac{1}{L_S} \cdot \dfrac{m_m}{m_S}\right\}}{-k_S \cdot \left(1 + \dfrac{1}{L_S} \cdot \dfrac{m_m}{m_S}\right)} \tag{5-24}$$

例如：250t 最初含有 0.01%S 的钢包，覆盖 2t 硫分配比 L_S 为 500 的脱硫渣。脱氧后，向钢液中吹入搅拌功率密度 $\varepsilon = 100W/t$ 的氩气，计算脱除 0.003%S 所需时间。

首先，$\varepsilon = 100W/t$ 时的 $k_S = 8 \times 10^{-6} \times 100^{2.1} = 0.127min$

将此值代入式（5-23），得

$$t = \frac{\ln\left\{\dfrac{0.003\%}{0.010\%}\left(1 + \dfrac{1}{500} \times \dfrac{500}{2}\right) - \dfrac{1}{500} \times \dfrac{500}{2}\right\}}{-0.127\left(1 + \dfrac{1}{500} \times \dfrac{500}{2}\right)} \approx 13min$$

5.3.4　工程钢

工程钢（例如 AISI4140）二次精炼成分要求见表 5.11。除了要加入 C、Mn、Cr、Al、Mo 合金外，还需脱除 H、O。首先，这个钢种需要进行脱气处理；然后，经过脱气处理后脱氧；最后，调整合金成分。这个过程可以在 RH 和 VD 中进行。出钢钢水中氧含量比较低。如果温度降低过多，可以考虑在 LF 中升温。

工程钢种各元素添加计算原则与前文所述相似，真空处理时间的估算也相似，这里不再赘述。

表 5.11　工程钢二次精炼成分要求　　　　　　　　　　　　　（%）

项目	出钢钢水成分	目标成分	目标含量最小值	目标含量最大值	需要的处理过程
C	~0.1300	0.4500	0.3800	0.4500	添加
Mn	~0.1200	0.7500	0.6000	0.75	添加
Cr	~0.0100	1.0000	0.9000	1.200	添加
Al	~0.0000	0.0200	0.0150	0.0300	添加
Mo	~0.0020	0.2000	0.1500	0.3000	添加
H	~0.0004	—	—	0.0003	脱除
O	~0.0400	—	—	0.0005	脱除

根据上述对四种钢的分析，总结脱除一些元素（比如碳、氧、硫、氢、磷和氮等）需要注意的 3 个问题：

（1）哪个工艺过程更有利于脱除这些元素？

（2）这些过程的主要操作参数（搅拌能，渣成分和质量，吹氧等等）是什么，对脱除这些元素有什么影响？

（3）目前的化学成分以及温度对脱除这些元素有什么动力学方面的影响，怎么影响？

5.4　模拟结果及成本控制分析

5.4.1　建筑钢二次精炼模拟训练及成本控制

出钢时，点击"化学成分分析"查看钢包质量和钢水初始成分。根据 5.2.3 和 5.3.1 中所述合金添加的原则，考虑合金成本、添加时机、相互之间引入的元素、收得率等因素来确定合金添加方式。铌只能以铌铁形式加入钢中，铌铁的加入量是很难优化的。剩下的 C、Si、Mn 和 Al 四种元素的添加加入方式就比较灵活，需要进行大量的尝试确定最佳的合金化方案（除了关注合金中主要元素的含量，还要注意合金中自带的 P、Al 等元素含量）。

5.4.1.1　合金配料方案

第一种合金添加方案：1700kg 高碳锰铁、160kg75% 硅铁、80kg 铝粒、60kg 铌铁。在反复尝试的过程中，成本为 15.95 \$/t。单价为 770 \$/t 的硅铁可被单价为 560 \$/t 的硅锰部分取代；同时，由于硅锰的加入增加了锰的含量，在适当补充增碳剂的情况下，还能减少高碳锰铁的用量。

第二种合金添加配方：20kg 增碳剂、1300kg 高碳锰铁、500kg 硅锰、80kg 铝粒、60kg 铌铁，较为成功时，成本可降至 15.79 \$/t。

由此可见，优化配料方案具有显著的降成本潜力。

5.4.1.2　合金添加工位的影响

在 CAS-OB 和钢包脱气 VD 同样添加上述优化后的第二种合金配料，对应的吨钢成本分别为 20.38 \$/t 和 16.92 \$/t。这个结果表明，处理工艺对成本影响显著。

表 5.12 列出了各个过程的成本。表中数据可以很好地解释本模拟结果。在实际二次精炼过程中，可能有不止一种精炼方式能实现要求的精炼效果。这种情况下，需要根据处理工序成本来考虑确定适合的精炼工艺。本模拟过程中的二次精炼效果，除了可以利用 LF、CAS-OB 和 VD 外，还可以直接在氩站中实现。从成本看，氩站处理成本最低。

表 5.12　各工序的成本

工 位	处 理 成 本
氩站	氩气：0.60 \$/(Nm³·min)； 喷枪磨损：5.70 \$/min
钢包炉 LF	最高功率 20MW 时，电力：16.60 \$/min；电极磨损：5.90 \$/min，（较低功率设置的成本按比例降低）； 氩气：0.60 \$/(Nm³·min)
循环脱气 RH	RH 运行成本：7.75 \$/min
CAS-OB	喷枪磨损和其他消耗品：30 \$/min； 氩气：0.60 \$/(Nm³·min)

续表 5.12

工 位	处 理 成 本
罐式脱气（VD）	真空、耐火材料磨损和其他消耗品：10 \$/min； 氩气：0.60 \$/(Nm³·min)
调度转运	模拟中没有考虑这一部分的成本
成分测试	40 \$/次，测试需要 3min 才能得到结果

在 CAS-OB 和钢包脱气中，成本往往随着吹氩的进行而快速升高，因此，在后两者中，控制吹氩的时长尤其重要。此时可充分利用加入合金后到连铸机需要钢包之间的这段时间，将吹氩冷却和钢水的自然冷却相结合，即在吹氩快速冷却到一定程度后，停止吹氩，使钢水自然冷却，同样能达到终点温度符合要求的目的，并且能有效降低成本。在 CAS-OB 中，尝试全程吹氩冷却，成本高达 31 \$/t；但采取上述措施后，成本降低到了 20 \$/t 左右，且还有降低的空间。

需要注意的是，真空（钢包脱气）或氩气保护（LF 炉和 CAS-OB）状态下合金的收得率会变高，会减少合金的加入量，这也可以降低成本。然而，利用设备所增加的成本会抵消因合金收得率升高而降低的成本。因此总的原则是，当加入较贵重的合金时，例如 FeNb、FeMo 等，最好采取气体保护。

除上述因素外，还有很多影响成本的因素，需要在模拟中发现，比如合金添加按成分要求的上限或下限控制，控制最低限或最高限钢水温度上连铸机等，这里不再赘述，读者可以自行练习讨论。

5.4.2 TiNb 超低碳钢二次精炼模拟训练及成本控制

超低碳钢冶炼过程中，需要添加 Si、Mn、P、Al、B、Nb 和 Ti，脱除 C 和 O。超低碳冶金工艺通常在 RH、VD 和 CAS-OB 中经行。下面讨论合金配料方案和精炼设备选择对二次精炼成本的影响。

5.4.2.1 合金配料方案

冶炼超低碳钢，一般是在真空中循环脱气辅以吹氧工艺，因此碳含量高的合金料要在脱碳前加入。容易与氧结合的合金原料要等停止吹氧后再添加。TiNb 超低碳钢模拟冶炼过程中，硅和锰的调节是合金配料的难点。含硅的原料有四种：高纯硅铁、硅铁、硅碳、硅铬。硅铬会使铬含量超标，不建议使用；高纯硅铁和硅铁价格相差不大，而且加的量不多，所以应优先使用高纯硅铁；硅碳价格低，硅含量高而且无杂质，但会引入过量的碳使得碳含量超标，不建议使用；硅锰价格低，不仅可以补硅，还可以提供使用低碳锰铁时所缺的锰。据此制定了三种合金配加方案，见表 5.13。

表 5.13 超低碳钢模拟过程中的三种合金配料方案

方 案	配 料
方案一	低碳锰铁：1900kg；75%硅铁：950kg；铝粒：150kg；磷铁：500kg；硼铁合金：30kg；铌铁合金：50kg；钛：60kg

方　案	配　料
方案二	低碳锰铁：600kg；硅锰：2000kg；铝粒：150kg；磷铁：480kg；硼铁合金：30kg；铌铁合金：50kg；钛：60kg
方案三	高碳锰铁：2000kg；75%硅铁：570kg；铝粒：220kg；硼铁合金：20kg；铌铁合金：50kg；磷铁：500kg；钛：60kg

三个方案熔炼过程均是出钢后去真空循环脱气 RH 真空吹氧处理 40min 左右，在停止吹氧后真空条件下合金一次性添加，最后在 LF 中调节温度。方案一成本为 16.91 \$/t，方案二成本为 14.17 \$/t，方案三成本为 14.33 \$/t。可见不同合金添加方式对生产成本的影响较大，在保证各种成分符合标准的情况下，合理选择不同的合金材料搭配，能使成本降低。最佳的合金配料方案受到钢水成分和操作条件的影响，因此，需要进行大量的尝试。

5.4.2.2　二次精炼设备选择

第一种精炼方案，选择先在循环脱气设备中吹氧脱碳 40min，停止吹氧后加入合金原料。合金配料为：4000kg 高纯锰铁、900kg 高纯 75%硅铁、40kg 硼铁合金、80kg 铌铁合金、500kg 磷铁、80kg 钛。最后在钢包炉加 150kg 铝粒，并通氩调整温度、氧和洁净度，再上板坯铸机。此工艺成本为 41.05 \$/t。

第二种精炼方案，合金配料为：4000kg 高纯锰铁、700kg 高纯 75%硅铁、40kg 硼铁合金、80kg 铌铁合金、500kg 磷铁、80kg 钛、180kg 铝粒。二次精炼先在钢包脱气 VD 设备中真空脱碳 30min；再到钢包炉加合金料、通氩，调整钢水成分、洁净度和温度；最后上板坯铸机。此工艺成本为 39.42 \$/t。

比较两个精炼方案可以发现，在合金添加配比相差不大时，二次精炼的设备选择对成本影响非常大。从上述两方案来看，在 VD 中脱碳成本低。但值得注意的是，VD 脱碳能力比 RH 要弱。VD 中没有吹氧，而且动力学条件也没有 RH 好。RH 处理工艺比较便宜。鉴于此，上述两例中，前例 RH 操作还有很大的提升空间，可以考虑缩短真空吹氧脱碳时间，合金添加过程放在钢包炉中。因为真空下锰的收得率较低，高纯锰铁加入量较大，对成本影响可能也较大。改进 RH 的操作水平，降低生产成本，需要读者自行练习，这里不再赘述。

除了从上述两个角度考虑控制成本，还可以借鉴 5.4 节中提到的精炼终点控制原则，进一步优化精炼成本。

5.4.3　管线钢二次精炼模拟训练及成本控制

管线钢的二次精炼过程中需要注意的内容，在前面两种钢的介绍过程中都有了比较多的讲述，这里就不再多说，列出几个成功的配料方案：

方案一：40kg 增碳剂、5200kg 高纯铁锰合金、500kg 高纯 75%硅铁、130kg 铝粒、50kg 铌铁合金、30kg 钙丸。

方案二：30kg 增碳剂、5000kg 高纯铁锰合金、100kg 低碳锰铁、510kg 高纯 75%硅铁、180kg 铝粒、60kg 铌铁合金、30kg 钙丸。

方案三：60kg 增碳剂、5250 高纯铁锰合金、550kg 高纯 75%硅铁、120kg 铝粒、50kg 铌铁合金、30kg 钙丸。

下面重点介绍不同二次精炼设备选择对生产过程及成本的影响。

（1）方案一：首先，钢包循环脱气，RH 设备 13~14min 脱除钢中的氢；然后，钢包炉 LF 炉添加合金调节钢水成分，吹氩调整洁净度和均匀钢水温度。具体操作见表 5.14，成本为 49.84 \$/t。

表 5.14 方案一钢包循环脱气后钢包炉处理管线钢精炼事件记录

时间	温度/℃	事件
00：00：00	1677	BOF：模拟开始
00：00：00	1677	选择钢种：输送气体用管线钢
00：00：00	1677	用户的水平：大学生
00：02：17	1676	BOF：开始出钢
00：02：17	1676	脱硫渣：45CaO，37Al$_2$O$_3$（+8SiO$_2$，1FeO，7MgO，1MnO，1CaF$_2$）：1839kg
00：08：53	1612	去：循环脱气装置
00：14：22	1610	RH 脱气：开始脱气处理
00：14：44	1609	RH 脱气：开始吹氧：True
00：23：46	1600	请求分析
00：26：47	1597	收到分析
00：28：05	1596	RH 脱气：开始吹氧：False
00：28：06	1596	RH 脱气：脱气处理完毕
00：28：13	1596	去：钢包炉
00：32：14	1594	钢包炉：氩气流量 1
00：32：15	1594	LAF：电能：9MW
00：32：45	1593	钢包炉：开始预热
00：33：29	1593	140kg：C 98
00：33：29	1593	5000kg：FeMn HP
00：33：29	1593	600kg：75%SiFe HP
00：33：29	1593	200kg：铝粒
00：33：29	1593	60kg：FeNb
00：33：29	1593	70kg：钙丸
00：33：37	1600	请求分析
00：36：38	1590	收到分析
00：39：44	1574	300kg：FeMn HP
00：40：11	1570	50kg：75%SiFe HP
00：44：22	1567	请求分析
00：47：23	1566	收到分析
00：58：14	1560	请求分析

续表 5.14

时间	温度/℃	事 件
01：01：15	1558	收到分析
01：08：09	1554	请求分析
01：11：10	1553	收到分析
01：12：02	1552	LAF：电能：0MW
01：12：03	1552	钢包炉：氩气流量 0
01：12：03	1552	钢包炉：预热完毕
01：13：23	1552	钢包炉：氩气流量 1
01：19：15	1549	钢包炉：开始预热
01：22：16	1543	LAF：电能：11MW
01：32：50	1541	LAF：电能：0MW
01：32：51	1541	钢包炉：氩气流量 0
01：32：52	1541	钢包炉：预热完毕
01：32：57	1540	钢包炉：预热完毕
01：33：03	1540	去：板坯铸机

（2）方案二：钢包脱气→钢包炉（VD→LF）。首先，钢包脱气，VD 设备 30min 脱除钢中的氢；然后，钢包炉 LF 炉添加合金调节钢水成分，吹氩调整洁净度和均匀钢水温度。具体操作见表 5.15，成本为 50.09 \$/t。

表 5.15 方案二钢包 VD 脱气后钢包炉 LF 处理事件记录

时间	温度/℃	事 件
00：00：00	1675	BOF：模拟开始
00：00：00	1675	选择钢种：输送气体用管线钢
00：00：00	1675	用户的水平：大学生
00：00：58	1674	BOF：开始出钢
00：00：58	1674	脱硫渣：45CaO，37Al$_2$O$_3$（+8SiO$_2$，1FeO，7MgO，1MnO，1CaF$_2$）：3000kg
00：07：09	1611	去：钢包脱气
00：10：20	1609	钢包脱气：开始脱气处理
00：10：33	1609	钢包脱气：目标真空度：0.001atm
00：39：52	1565	钢包脱气：脱气处理完毕
00：41：12	1564	去：钢包炉
00：46：08	1562	钢包炉：开始预热
00：46：37	1561	LAF：电能：20MW
00：46：57	1562	钢包炉：氩气流量：1
00：58：51	1578	10kg：C 98
00：58：51	1578	5000kg：FeMn HP

时间	温度/℃	事 件
00：58：51	1578	470kg：75%SiFe HP
00：58：51	1578	120kg：铝粒
00：58：51	1578	70kg：FeNb
00：58：51	1578	60kg：钙丸
01：04：11	1563	LAF：电能：12MW
01：04：55	1560	请求分析
01：07：56	1558	收到分析
01：09：12	1558	30kg：C 98
01：09：12	1558	100kg：FeMn HP
01：13：13	1557	请求分析
01：16：14	1557	收到分析
01：18：58	1557	60kg：C 98
01：22：57	1557	请求分析
01：25：58	1556	收到分析
01：27：25	1556	10kg：C 98
01：31：36	1556	请求分析
01：34：37	1556	收到分析
01：37：09	1556	LAF：电能：6MW
01：38：00	1555	LAF：电能：1MW
01：41：59	1548	钢包炉：预热完毕
01：42：00	1548	钢包炉：预热完毕
01：42：03	1548	去：板坯铸机

（3）方案三：循环脱气20min→CAS-OB→钢包炉（RH→CAS-OB→LF）。首先，钢包循环脱气，RH处理脱氢20min；然后，去CAS-OB添加合金料调整成分15min；最后，去钢包炉LF吹氩调整洁净度和提高钢水温度。具体操作见表5.16，成本为54.96 \$/t。

表5.16 方案三循环脱气→CAS—OB→钢包炉事件记录

时间	温度/℃	事 件
00：00：00	1680	BOF：模拟开始
00：00：00	1680	选择钢种：输送气体用管线钢
00：00：00	1680	用户的水平：大学生
00：00：43	1679	BOF：开始出钢
00：00：43	1679	脱硫渣：45CaO，37Al$_2$O$_3$（+8SiO$_2$，1FeO，7MgO，1MnO，1CaF$_2$）：3000kg
00：07：07	1616	去：循环脱气装置
00：14：16	1613	RH脱气：开始脱气处理

续表 5.16

时间	温度/℃	事　件
00：14：37	1612	RH 脱气：开始吹氧：True
00：29：13	1597	请求分析
00：32：14	1594	收到分析
00：34：09	1592	RH 脱气：脱气处理完毕
00：35：16	1592	去：CAS-OB
00：40：31	1589	CAS-OB：引发
00：41：25	1589	CAS-OB：氩气流量：1
00：43：53	1584	170kg：C 98
00：43：53	1584	5000kg：FeMn HP
00：43：53	1584	470kg：75%SiFe HP
00：43：53	1584	220kg：铝粒
00：43：53	1584	70kg：FeNb
00：43：53	1584	60kg：钙丸
00：50：04	1561	请求分析
00：53：05	1550	收到分析
00：55：09	1546	CAS-OB：结束
00：55：18	1546	去：钢包炉
01：07：13	1541	LAF：电能：20MW
01：10：50	1539	钢包炉：氩气流量：1
01：13：22	1537	钢包炉：开始预热
01：23：16	1549	钢包炉：预热完毕
01：23：51	1549	钢包炉：预热完毕
01：24：47	1548	钢包炉：开始预热
01：25：29	1549	去：CAS-OB
01：30：10	1555	CAS-OB：引发
01：31：30	1554	300kg：FeMn HP
01：35：23	1551	请求分析
01：38：24	1550	收到分析
01：51：47	1545	CAS-OB：结束
01：51：50	1546	去：板坯铸机

　　RH 和 VD 都可以有效地进行脱氢处理。方案一与方案二相比较，说明 RH 脱气相对于 VD 脱气成本低。这主要是 RH 处理效率高所致。方案三引入 CAS-OB 处理，最后也能精炼出合格的钢水。但是模拟过程中 CAS-OB 的作用完全可以在 LF 中进行。结合前两个方案，真空处理的时长是整个精炼成本的重要影响因素，可以结合第 5.3 节中的内容进行优化。精确控制真空处理过程，将合金添加过程也在真空过程中完成，降低 LF 处理成本

（甚至省去 LF），是管线钢进一步降低成本的一个重要方向。这里不再赘述。

总结：对于成分控制严格的钢种来说，一方面要控制杂质元素的带入量，一方面要选用不同的工艺处理方法进行脱除，达到标准。另外适量配入低品位、杂质较少的原料，如低碳锰铁代替部分高纯锰铁，不能一味使用精料而使成本升高。再有就是改进操作，精确控制吹氩和真空时间。

5.4.4 工程钢二次精炼模拟训练及成本控制

前文已经分析了工程钢首先需要进行脱氢处理，然后脱氧，最后调整合金成分。脱氢过程可以在 RH 和 VD 中进行。出钢钢水中氧含量比较低。如果温度降低过多，只能考虑在 LF 中升温。鉴于前面对三种钢均有详尽的描述和分析，对于工程钢，这里只列出了两炉成功模拟的案例，读者可以自行讨论合金配料方案、二次精炼设备及精炼操作控制标准对成本的影响。

第一炉：先钢包真空处理 22min 脱氢后，去钢包炉 LF。LF 中脱氧条件极佳，加铝脱氧后，添加合金调整钢成分，底吹氩气调整钢水温度和洁净度。最后上连铸机。合金配料：200kg 增碳剂、740kg 高碳锰铁、1470kg 高碳铬铁、30kg 铝粒、240kg 钼铁。吨钢成本 64.77 \$。

第二炉：VD 处理 19min 后，去 CAS-OB 添加 430kg 铝粒脱氧，脱氧处理 12min 后添加 170kg 增碳剂、740kg 高碳锰铁、1470kg 高碳铬铁、250kg 钼铁，调整钢水成分；底吹氩，待钢水温度合格，上连铸机。吨钢成本 83.60 \$。

对比这两炉的结果可以看出，精炼工艺对钢的成本影响较大，对于要求比较高的钢种，需要慎重考虑和设计二次精炼的工艺。

二次精炼工艺设计原则大致为：

（1）出钢要加高碱度还原脱硫渣；

（2）脱氧要在合金添加前进行；

（3）在温度允许的条件下，尽量在一个设备中完成精炼过程；

（4）在满足钢水成分要求的前提下，尽量减少合金消耗，即比较贵的合金按成分下限控制。

5.5 二次精炼模拟炼钢和实际二次精炼过程的不同点

这里必须指出，钢铁大学模拟过程与现场生产过程有一定的出入，不能用模拟结果硬套实际生产过程。比如：

（1）实际转炉出钢过程必须要在钢包底部置放合成精炼渣（即渣洗），随后在钢包炉 LF 中进行脱氧脱硫和温度调节。这一精炼过程的控制较为复杂，要综合考虑钢水成分、钢水温降、整个精炼时长以及浇铸温度等因素，进行调整。但在模拟炼钢过程中，LF 和出钢加保护渣操作，系统中控制较为简单。

（2）实际二次精炼过程中，脱硫和脱氧必须要在合金化之前完成，否则合金损耗较大，增加精炼成本。部分合金添加方式受精炼工位影响很大，模拟系统中对合金的添加控制比较简单。

（3）二次精炼过程全程都要有渣覆盖。实际上，精炼渣与钢水之间的反应是二次精炼中的重要过程，模拟系统中弱化了精炼渣的作用。

（4）二次精炼过程中，合金的收得率受很多因素的影响。模拟系统中，对这种影响内核设定比较简单，控制也简化了。例如，喂线操作是二次精炼过程中精确控制的一种重要方法，在精确脱氧脱硫、活泼金属添加、精准合金化等方面，都有很重要的应用。模拟系统中对合金的添加方式还没有考虑。

参 考 文 献

［1］张鉴．炉外精炼的理论与实践［M］．北京：冶金工业出版社，1993.

［2］刘浏．炉外精炼工艺技术的发展［J］．炼钢，2001，17（004）：1-7.

［3］徐曾啟．炉外精炼［M］．北京：冶金工业出版社，1994.

［4］梶冈博幸．炉外精炼［M］．北京：冶金工业出版社，2002.

［5］黄希祜．钢铁冶金原理［M］．4版．北京：冶金工业出版社，2013.

［6］沈峰满．冶金物理化学［M］．北京：高等教育出版社，2017.

［7］AISE. The Making, Shaping and Treating of Steel, Steelmaking and Refining Volume［M］. AISE, 1998.

［8］Turkdogan E T. Fundamentals of Steelmaking［M］. The Institute of Materials, 1996.

［9］Steeluniversity. Secondary Steelmaking Simulation User Guide Version 2. 0.

［10］李茂旺．炉外精炼实训指导书［M］．北京：冶金工业出版社，2016.

6 连续铸钢

6.1 连续铸钢简介

连续铸钢简称连铸，是把高温钢水连续不断地浇铸成具有一定断面形状和一定尺寸规格铸坯的生产工艺过程，是炼钢和轧钢的衔接环节。与模铸相比，连铸在节能减排、提高铸坯的成材率、降低生产成本以及浇铸自动化等方面具有明显的优势。

连铸机主要是由钢包回转台、中间包、中间包车、结晶器、结晶器振动装置、二次冷却装置、拉矫装置、切割装置和铸坯运输等装置组成。按结构外形连铸机可分为立式连铸机、立弯式连铸机、带直线段弧形连铸机、弧形连铸机、多半径椭圆形连铸机和水平连铸机。按照所浇铸的断面区分，又可分为板坯连铸机、小方坯连铸机、大方坯连铸机、圆坯连铸机、异型坯连铸机和薄板坯连铸机。若按连铸机在共用一个钢水包下所能浇铸的铸坯流数来区分，则可分为单流、双流和多流连铸机。

连铸的工艺过程是将装有钢水的钢包运转至钢包回转台，回转台将钢包转动到中间包上方浇铸位置后，通过长水口将钢水注入中间包。中间包液位到达一定高度后，开启塞棒，使钢液经浸入式水口流入结晶器中进行初始凝固。结晶器是连铸机的核心设备之一，钢液迅速凝固结晶，形成具有一定强度的初生坯壳，以便能抵抗钢水的静压力，防止漏钢；并在浇铸过程中垂直振动，以便将初生坯壳和结晶器铜板分离。随着带液心的铸坯以一定的速度被拉出结晶器后，铸坯进入二次冷却区。在二冷区内，向带液心的铸坯喷射冷却水，经电磁搅拌和轻压下等工艺的优化，使铸坯逐渐从外表冷却到中心完全凝固；随后沿着辊道进入拉矫机，将连铸坯拉直，以便于下一步工序的进行。拉矫机的后方为切割机，将铸坯切割成一定长度的产品后送往铸坯堆场或热轧厂。连铸生产的正常与否，不但影响炼钢生产任务的完成，而且影响轧材的质量和成材率。

6.2 连铸模拟训练

6.2.1 连铸模拟训练的目标

连铸模拟训练的目标为：

（1）深入且全面地理解连铸机的结构、各部件功能和原理以及连铸工艺过程。

（2）深刻理解拉速与冷却强度、保护渣类型、振动参数、电磁搅拌及钢液过热度等对方坯连铸成本和铸坯成材率的影响。在钢种特性分析的基础上，能有依据地选取合理的工艺参数。

（3）掌握拉速与冷却强度、保护渣类型、振动参数、轻压下强度及钢液过热度等对板坯连铸成本和铸坯成材率的影响。在钢种特性分析的基础上，能有依据地选取合理的工艺参数。

（4）能够详细地分析方坯和板坯连铸的模拟结果，并能提出有效的成本和质量优化方案。

6.2.2　连铸模拟训练的任务

连铸模拟训练的任务为：

（1）完成给定钢种的3包钢水的浇铸，选定合理的连铸参数，使浇铸得到的铸坯内裂纹、表面裂纹、夹杂物含量、中心偏析和振痕深度符合质量标准。

（2）降低连铸成本到较低水平；

（3）连铸模拟结果中，方坯成材率需达到100%，板坯实际成材率需提高到较高的水平；

（4）对连铸模拟过程和结果进行合理评价和分析，并提出成本控制和质量优化方案。

6.2.3　连铸钢种分析

钢铁大学连铸生产作业模块为用户提供了四个具有代表性的钢种连铸过程进行模拟，分别为：建筑钢、超低碳钢、管线钢和工程钢。下面对钢种特性进行分析。

6.2.3.1　建筑钢

模拟系统给出的普通建筑钢的碳含量为0.145%，对裂纹敏感，对铸坯质量要求不是很高。一般来说，建筑钢使用大方坯连铸机生产，铸坯断面尺寸为250mm×250mm；夹杂物含量要求中等，不会出现其他质量方面的问题。

工程中，一般将碳含量为0.08%~0.18%的钢种定为裂纹敏感性钢。由铁碳相图可以看出，当碳含量在0.10%~0.16%区间时，钢水凝固过程会发生包晶反应，即铁素体（δ）相和钢液（l）反应生成奥氏体（γ）相。铁素体密度7.89g/cm³，而奥氏体密度8.26g/cm³，当铁素体向奥氏体转变时，有4.7%的体积收缩，此相变收缩会使坯壳产生较大的热反应力，易引起裂纹。

结晶器中较低的热流能有效降低纵裂纹的发生概率。由于坯壳厚度减小，所受到的应力减小，可通过优化结晶器维度和改善冷却条件及振动参数等来降低结晶器中热流。实践表明，采用具有优良性能的高结晶率的保护渣进行中碳钢保护浇铸，可明显减少铸坯裂纹。裂纹敏感性钢种凝固时收缩较大，保护渣润滑铸坯和控制传热的性能在防止出现铸坯缺陷方面起着关键性的作用，保护渣的传热性能、溶化性与铺展性、润滑铸坯的能力及吸收夹杂物效率都直接影响着铸坯的质量。目前现场采用的保护渣一般有以下特点：

（1）增加保护渣凝固层的厚度；

（2）增加凝固渣层的结晶温度，裂纹敏感性钢种要求保护渣有相对较高的结晶性能，但是过高对坯壳的摩擦阻力大，易产生铸坯质量缺陷；

（3）保护渣中加入过渡族金属氧化物，降低红外线的截止波长，减小红外线热透射能力，就可能在不提高结膜结晶率及结晶温度的条件下，通过合理配置渣膜的化学成分和物化性能，达到降低渣膜红外透射传热能力，既保证了润滑，又可控制渣膜传热能力的目的。

6.2.3.2 超低碳钢

超低碳钢是对粘结敏感的钢种，主要用于生产汽车车身部件，为优化其成形性能，碳含量应低于0.0035%。该钢种用板坯连铸机生产，断面尺寸为1200mm×230mm。同时，为满足洁净钢的要求，必须使夹杂物保持在很低的水平。

在浇铸时，如弯月面处某些区域无保护渣的润滑，则会产生较大的摩擦力而导致粘结。由于铸坯向下移动致使该处被拉断，钢水进入拉断处形成新坯壳；在正滑动时又被拉断，又形成新坯壳，如此反复进行，直至漏钢。粘结漏钢有以下特点：

(1) 主要是拉速太大、改变拉速太快或结晶器润滑不佳引起的；

(2) 当发生粘结漏钢时，保护渣热点始于弯月面附近，随后向结晶器下部延伸；当热点到达结晶器底部时，发生漏钢；

(3) 粘结漏钢的热点移动速度约为拉速的一半；

(4) 正常浇铸时，结晶器每个振动周期产生一个振痕；发生粘结时，每个振动周期会产生两个弯月形波痕；

(5) 漏钢坯壳的表面断口间距约为振痕间距的0.5倍。

一般而言，铝含量高的钢易发生粘结漏钢。由于Al_2O_3夹杂含量高，使保护渣变性，且后期易堵塞水口，导致偏流，易结渣条，阻碍液渣的流入，引起粘结。影响粘结漏钢的原因还有：钢液温度、结晶器液面波动、浸入式水口偏流和异常操作。

6.2.3.3 管线钢

管线钢属于微合金化钢，是高技术含量和高附加值的钢铁产品。在管线钢连铸生产中，减少大颗粒夹杂物、减轻成分偏析程度、防止铸坯表面和内部裂纹，是提高质量的重要环节。此外，管线钢铸坯表面在1300℃以上时，应避免强冷，以降低表面裂纹的发生率。同时，轻压下技术可有效降低中心偏析，提高管线钢的抗硫化氢腐蚀性能和止裂性能。

管线钢具有高强度、高韧性的特点，和超低碳钢一样需求量很大；夹杂物水平低，且都使用板坯连铸机进行生产，断面尺寸为1200mm×230mm。

6.2.3.4 工程钢

工程钢是一种热处理的低合金钢，是制造承受载荷的工程结构用钢，要求有足够的强度，以确保使用时不发生永久变形和破坏。工程钢可分为普通碳素钢和低合金高强度钢：

(1) 普通碳素钢：钢中含碳低、不含其他合金，可热轧状态使用，其屈服强度为200~300MPa；低温韧性较差，但工艺性较好，价格相对低廉。

(2) 低合金高强度钢：在普碳钢的基础上加入低于3%的合金，屈服强度提高到300MPa以上，其耐大气腐蚀性、耐磨和低温韧性明显强于普碳钢，可减轻钢自重，节约消耗和延长寿命，广泛应用在船舶、汽车、工程机械等。低合金高强度钢大多在热轧状态下使用，部分经热处理后，低温韧性和强度可进一步提高，屈服强度升至600~1000MPa，用于潜艇、高压容器等结构。

模拟中的工程钢连铸采用六流小方坯连铸机进行高拉速浇铸，铸坯的断面为 130mm ×130mm。

6.2.4 连铸参数的选取原则

6.2.4.1 拉速与冷却强度

拉速和冷却强度组合在浇铸过程中影响其他参数的选取，是提高铸坯质量和降低生产成本最关键的影响因素。冷却强度会影响铸坯在二冷区表面温度分布、铸坯裂纹发生概率和中心偏析程度等。此外，冷却强度直接影响铸坯的冷却速率，即冶金长度。它是铸坯从结晶器弯月面到完全凝固点之间的长度，如图 6.1 所示。而冶金长度受多种因素的影响，如钢液的成分、拉速、过热度、冷却强度和铸坯断面尺寸等。由凝固定律可知，铸坯完全凝固时，铸坯厚度（D）与时间（τ）的关系为：

$$D = 2\eta \sqrt{\tau} \tag{6-1}$$

设拉速为 v，冶金长度为 $L_{冶}$，η 为综合凝固系数，则有：

$$L_{冶} = \frac{D^2}{4\eta^2} v \tag{6-2}$$

表 6.1~表 6.3 分别为建筑钢、超低碳钢、管线钢及工程钢在不同冷却强度和拉速下的冶金长度，用户可根据表中数据选择成本较低的拉速与冷却条件组合，尤其是为获得较好的轻压下作用效果，板坯连铸的冶金长度是必须要考虑的因素。

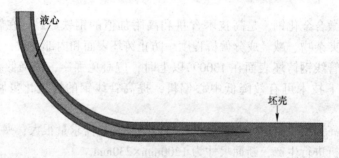

图 6.1 连铸冶金长度示意图

表 6.1 建筑钢的冶金长度（250mm×250mm）

冷却强度/kg（水）·kg（钢）$^{-1}$	拉速/m·min^{-1}			
	1.2	1.4	1.6	1.8
0.3	22.48	26.55	30.43	34.65
0.4	21.78	25.57	29.10	33.12
0.5	20.96	24.43	27.55	31.26
0.6	20.04	23.17	25.57	29.22

表 6.2 超低碳钢和管线钢的冶金长度 （1200mm×230mm）

冷却强度 /kg(水) · kg（钢）⁻¹	超低碳钢拉速/m · min⁻¹						管线钢拉速/m · min⁻¹					
	1.0	1.2	1.4	1.6	1.8	2.0	1.0	1.2	1.4	1.6	1.8	2.0
0.4	19.0	23.0	27.2	31.6	36.1	40.7	20.2	24.5	29.0	33.7	38.6	43.6
0.5	18.3	22.2	26.2	30.3	34.6	39.1	19.4	23.6	27.9	32.4	37.0	41.9
0.6	17.7	21.4	25.2	29.2	33.4	37.7	18.8	22.7	26.9	31.2	35.7	40.4
0.7	17.1	20.7	24.4	28.4	32.3	36.5	18.2	22.0	26.0	30.2	34.6	39.1
0.8	16.6	20.1	23.7	27.5	31.4	35.4	17.7	21.4	25.3	29.3	33.6	38.0

表 6.3 工程钢的冶金长度 （130mm×130mm）

冷却强度/kg（水） · kg（钢）⁻¹	拉速/m · min⁻¹		
	3.0	4.0	5.0
0.8	17.20	22.40	28.00
0.9	16.70	21.53	26.83
1.0	16.20	20.73	25.66
1.1	15.70	20.73	24.42
1.2	15.20	19.06	23.33

对于不同类型的钢种，其冷却特性不同，二冷配水制度也随之改变。选择适宜的钢种和拉速与冷却强度组合后，系统估算的对应条件下的冶金长度也随之显示。浇铸板坯时，设定好拉速和冷却强度后，可初步判定系统估算的冶金长度与轻压下作用区间是否匹配，以确定轻压下的作用效果。

6.2.4.2 保护渣种类

结晶器保护渣是一种合成渣，在浇铸的过程中要不断地加到结晶器自由液面。选择合理的保护渣类型，对提高铸坯质量尤为重要。保护渣的重要作用是控制结晶器内的冷却传热行为，针对特定钢种选择合理类型的保护渣非常关键。保护渣另一个重要的性能是拐点温度，指的是保护渣的黏度急剧增加的温度。表 6.4 列出了不同类型钢种连铸过程中可选用的保护渣的性能和成本数据。其中，裂纹敏感钢种应使用 A 或 B 型保护渣来进行浇铸；而粘结敏感钢种则应该使用 C 或 D 型保护渣。

表 6.4 几种可以使用的保护渣的性能

保护渣类型	黏度/Pa · s	拐点温度/℃	成本/$ · kg⁻¹	适用情况
A	0.12	1170	0.40	裂纹敏感钢种
B	0.21	1190	0.35	
C	0.19	1130	0.45	粘结敏感钢种
D	0.10	1050	0.50	
E	0.03	1050	0.55	高速浇铸

6.2.4.3 结晶器振动

结晶器振动装置的主要功能是使结晶器上下往复振动，使结晶器按既定的振程、频率等参数沿连铸机半径做仿弧运动，防止铸坯与结晶器铜壁发生粘结，导致难以脱模而出现漏钢，减小拉坯阻力及改善铸坯表面质量。采用振动结晶器会增加保护渣的消耗量，但如振动参数不当，即使保护渣类型合理，保护渣消耗量也不能满足控制坯壳粘结的要求，铸坯振痕可能较深，易导致发生漏钢事故。

振动参数主要包括振动频率和振程。模拟过程中，通过调整振程和频率来获取合理的负滑脱时间、保护渣的消耗量、振痕深度及结晶器加速度。振程的范围为 3~10mm，与负滑脱时间成正比，且振痕深度和保护渣的消耗也同比增加。振动频率为 100~250min^{-1}，随频率的提高，负滑脱时间减少，铸坯的振痕深度和保护渣消耗随之减少。虽然结晶器的振动是连铸工艺必不可少的，但也会使铸坯出现振痕，是铸坯横向裂纹的主要诱因。因此，振动参数与连铸工艺不匹配时，铸坯表面出现横向裂纹的概率增加，会出现判废或降级的铸坯，显著降低金属收得率，增加生产成本。

模拟过程中，为使振痕深度尽可能浅，必须合理优化结晶器的振动参数，使得负滑脱时间尽量接近 0.11s；另外还需与合适的振程相结合，才能尽可能减小振痕的深度。超低碳钢连铸最大的振痕深度不能超过 0.25mm，其他三个钢种的极限值为 0.6mm。在模拟过程中，拉坯速度一定时，设置合理的振动参数，使铸坯振痕深度小于 0.2mm，可有效避免铸坯表面产生裂纹。此外，设置振程和频率时，必须同时保证结晶器加速小于 1m/s^2，否则模拟无法开始。

6.2.4.4 钢包的设定

浇铸开始时，第一包钢水已经放置在钢包回转台之上，另外两包钢水需在一定时间内陆续运到。模拟时，需要输入 3 包钢水到达的温度和后两包钢水到达时间（从第一包钢水浇铸开始后所需的分钟数）。针对温度和时间的选取原则有如下两项。

A 到达时间

浇铸时，调整第二包钢水到达连铸机的时间，使其到达钢包回转台时，第一包钢水正好排空。每一个钢包内钢水的排空时间取决于钢包容量、结晶器/铸坯的横截面积、中间包的流数和拉速。

每流每分钟浇铸的钢水体积为：

$$\dot{V} = w \cdot t \cdot v_{\mathrm{c}} \quad (\mathrm{m^3/min}) \tag{6-1}$$

因此，一个中间包每分钟浇铸的钢水量为：

$$\dot{M}_{\mathrm{T}} = n \cdot \rho_{\mathrm{steel}} \cdot w \cdot v_{\mathrm{c}} \quad (\mathrm{kg/min}) \tag{6-2}$$

稳态浇铸时，排空一包钢水到预定液面所需的时间为：

$$\tau = \frac{m_{\mathrm{ladle}}}{\dot{M}_{\mathrm{T}}} \quad (\mathrm{min}) \tag{6-3}$$

当滑动水口检测到炉渣时，钢包浇铸自动停止，此时钢包的残钢量约为 5%。此外，还需考虑换包时间及中间包开浇液位。钢水由钢包到达中间包后，打开长水口；待中间包液位达到 60% 以上，打开塞棒；对于夹杂物要求严格的钢种，需待液位上升到 80% 以上开浇才合适，且正常浇铸时，保持中间包液位的稳定，也利于夹杂物的上浮去除。

B　钢包钢水温度的设定

为了使钢液到达结晶器内时的温度最佳，必须使钢包钢水有正确的温度。钢包内钢液的降温速度定为 0.5℃/min，通过计算从模拟开始到钢包排空所需的时间，就可计算出钢液的温度损失。随后，就可以计算出钢液到达时的温度。设定温度时，必须防止浇铸过程中钢液的温度低于其液相线温度（钢液开始凝固的温度）。钢液的液相线温度 T_{liq} 取决于钢液的成分，可根据下式进行计算：

$$T_{liq} = 1537 - 78w[\%C] - 7.6w[\%Si] - 4.9w[\%Mn] - 34.4w[\%P] - 38w[\%S]$$

$$(6-4)$$

根据钢种成分，计算得到四个钢种的液相线温度分别为：建筑钢 1515.6℃，超低碳钢 1528.8℃，管线钢 1524.5℃ 及工程钢 1495.4℃。

实际生产中，由于钢液温度的变化，必须使钢液的温度高于液相线温度。为避免提前凝固，应使中间包钢液的过热度高于 10℃。增加过热度会减小结晶器坯壳厚度，如果某处的坯壳厚度过薄，不能支撑其内部钢液的重量，就会发生漏钢。对板坯连铸机而言，最大的过热度为 50℃；对方坯连铸机而言，最大过热度为 60℃。在设置参数时，一般第一包钢水比第二、三包钢水温度要高 5~10℃，这主要是由于第一包钢水与中间包间的热交换较大，钢液温降较为明显。

6.2.4.5　电磁搅拌和轻压下

连铸过程中，电磁搅拌和轻压下等对降低铸坯凝固过程中合金元素偏析有很大的作用。

电磁搅拌的机理是电磁场和运动中的钢液互相影响而生成感应电流，然后电流与磁场互相影响生成电磁力。结晶器电磁搅拌作为目前国内外钢厂生产中控制铸坯结晶器冶金行为、提高铸坯质量不可或缺的工艺技术，其冶金作用机理和效果如图 6.2 所示。

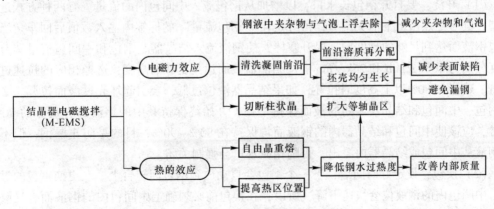

图 6.2　M-EMS 的作用机理及效果

模拟实训中，只有方坯连铸机使用电磁搅拌系统（EMS），用于促进结晶器内夹杂物上浮，打断枝晶，增加铸坯等轴晶率，从而减少铸坯的偏析，改善铸坯内部质量。操作时，点击"EMS"按钮，会打开或关闭电磁搅拌。

　　轻压下是在连铸时为获得内部缺陷较少的铸坯，对凝固末端带液心的铸坯施加一定的压力的工艺方法。其原理是减小凝固末端铸坯液心体积，从而补偿凝固过程中体积收缩而产生的中心缩孔和疏松。一方面消除中心孔隙，防止枝晶晶间溶质富集钢液的横向流动；另一方面破坏枝晶搭桥，使凝固末端与液相穴上部保持联通。此外，可将铸坯中心溶质富集的液体挤出，使溶质再分配，从而达到改善宏观偏析和疏松的目的。图6.3为板坯连铸轻压下作用区间的示意图。轻压下装置配于两个扇形段的区域，每个扇形段长为2m。其中，每个扇形段由5对辊子组成，每对辊子的间距约为0.4m。对于管线钢，轻压下区间位于距离结晶器弯月面为23～27m的区域；而浇铸超低碳钢时，其位于距离弯月面15～17m之间的区域。模拟系统提供了四个挡位可以选择，用户可根据钢种特性及质量标准要求选择合理的轻压下强度。

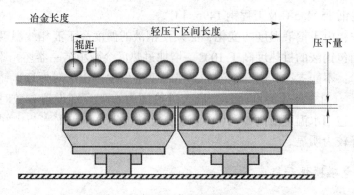

图6.3　轻压下作用区间示意图

6.2.5　模拟过程操作要点

　　模拟过程操作要点为：

　　(1) 开浇：要打开钢包长水口，以增加从钢包流入中间包内的流量。有两种方式进行控制，其一是点击上下箭头调节；再者是在"钢包流量"的标签内输入数值后回车。当中间包钢液面达到足够的高度后，提升塞棒，使钢液流入结晶器。钢包和中间包流量调节的精度分别为100kg/min和25kg/min。待结晶器液面达到足够的高度，选择相应的拉速进行浇铸。建议在80%以上高度时拉坯，如果结晶器液位过低，会引起坯壳过薄而拉漏。必须使钢包、中间包和结晶器之间的液面保持平衡，并始终保持其中的钢液面有足够的高度。通常，应该使中间包和结晶器内的钢液面均保持在80%～90%，目的是防止漏钢；但不能使钢液从中间包或结晶器内溢出，否则相应水口会强制关闭。

　　(2) 换包：设定好时间后，下一个钢包会自动放到钢包回转台上。在更换钢包的过程中，中间包内的钢液位会快速下降，所以，在换包前必须确定中间包内的钢液面有足够的高度，以避免新钢包开浇前期的钢/渣卷混引起的钢液二次氧化及夹杂物来不及上浮去除而进入结晶器。在换包结束后，应该使新的钢包以较高的速度开浇，以使中间包很快达到目标的液面高度。

（3）钢的洁净度：某些钢种对"清洁度"要求很高，要求钢中的氧化物和硫化物夹杂物的含量很低。在模拟时，根据所选择钢种的不同，生产钢种的夹杂物应该达到"中等"、"低"或者"很低"的水平。由于中间包的缓冲作用，且包壁和渣层可以吸附一些夹杂物，钢中夹杂物可以略低于精炼出钢的水平。因此，为了浇铸尽可能洁净的钢水，应该使钢液在中间包内有较长的驻留时间。如果钢包中夹杂物的水平高，可降低拉速，或保持中间包的高液位，以便夹杂物有更多的时间在上浮。

（4）铸坯裂纹：板坯连铸时，凝固前沿的总应变 $\varepsilon_{\text{intern}}$ 是弯曲/矫直应变 ε_{BS}、鼓肚应变 ε_{B}、辊子对中不良产生的应变 ε_{M} 之和，如果超过临界应变 ε_{is}，就会形成内裂。而临界应变取决于钢的成分和应变率。在提高拉速时，是否形成内裂是限制性因素。管线钢和超低碳钢的质量要求很高，如果铸坯形成内裂，就会使其内部质量降低，板坯降级。此外，表面应变 $\varepsilon_{\text{surf}}$ 是弯曲/矫直应变 ε_{BS}、辊子对中不良产生的应变 ε_{M}、凝固坯壳的鼓肚应变 ε_{B} 和热收缩产生的应变 ε_{th} 四者之和，如果大于表面临界应变 ε_{ss}，则铸坯会形成表面裂纹。表面临界应变取决于钢的成分、振痕深度和矫直区铸坯的表面温度。管线钢和建筑钢较易形成表面裂纹，故管线钢的表面温度应不低于1050℃，建筑钢不低于1100℃，且0.2mm以上的振痕深度会导致较大的临界应变。铸坯表面裂纹须进行火焰清理，其成本可占到生产成本的3%。超低碳钢质量要求高，表面裂纹应进行火焰清理和降级处理。

（5）漏钢：要避免漏钢，就必须使结晶器内任一点处的初生坯壳有足够的厚度，使其可以承载钢水的静压力。由于坯壳漏钢的可能性随着坯壳厚度的减小而增加，所以必须保持结晶器内有高的钢液面、尽可能低的过热度，使得铸坯离开结晶器时有足够厚度和足够强度的坯壳。此外，考虑到坯壳较薄时易在钢水静压力的作用下发生破裂，应尽可能减小振痕深度。对特定的钢种而言，选择合适的保护渣类型尤为重要，错误的保护渣会增加发生漏钢的几率。且保护渣的液渣层必须保持有足够的厚度，以使初生坯壳和结晶器铜模之间有足够的润滑作用。因此，为避免漏钢，须做到：使结晶器的液面高度位于80%~90%；低过热度浇铸；尽可能浅的振痕深度；合理的保护渣类型。

（6）中心偏析：在铸坯中心部位，常形成元素富集的偏析带，即铸坯常见的中心偏析。铸坯偏析控制措施从凝固特点的角度可归纳为：

1）增加铸坯等轴晶比例，如低过热度浇铸和结晶器电磁搅拌技术；

2）改善凝固末期钢水的补缩条件，如凝固末端电磁搅拌技术；

3）防止浓缩钢水的不正常流动（如轻压下技术）。本模拟提供了方坯结晶器电磁搅拌和板坯轻压下两种技术降低合金元素偏析。

此外，减少中心偏析的措施还有：使拉速和冷却强度匹配，让凝固终点位于轻压下作用区域内；优化轻压下的压下量；设定合理的钢包钢液温度，增加凝固过程中铸坯断面内等轴晶率，减轻中心偏析。

6.3　方坯连铸模拟

6.3.1　建筑钢连铸模拟

根据6.2.3节中对建筑钢的分析和6.2.4节中各钢种连铸工艺参数的选取原则，本训练中设定的建筑钢连铸模拟参数见表 6.5。建筑钢采用五流大方坯连铸机浇铸，铸坯断面为 250mm×250mm，钢包容量为 100t，拉速、冷却强度、振程、频率及保护渣分别为 1.4m/min、0.5kg（水）/kg（钢）、4mm、160min⁻¹ 及 A 型。

表 6.5　建筑钢连铸模拟参考参数

参数名称	数值	参数名称	数值
铸坯断面/mm×mm	250×250	第一包钢水温度/℃	1555
目标拉速/m·min⁻¹	1.4	第二包钢水到达时间/min	22
冷却水流量/kg（水）·kg（钢）⁻¹	0.5	第二包钢水温度/℃	1550
振程/mm	4	第三包钢水到达时间/min	50
频率/min⁻¹	160	第三包钢水温度/℃	1550
结晶器保护渣	A	电磁搅拌状态	开启
保护渣黏度/Pa·s	0.12	钢包容量/t	100

图 6.4 为设置参数后建筑钢连铸模拟操作面板。图左侧为连铸机视图，显示浇铸状态和浇铸时间，及下一包钢水到达回转台所剩余的时间；中部为模拟速度的调节、电磁搅拌、事件记录、换包操作及铸坯质量检测按钮；右侧为钢包、中间包和结晶器的浇铸状态（浇铸流量及排空时间等）及铸坯信息（浇铸长度、超过切割装置的长度等）。模拟过程中，可点击界面实时查看钢包和中间包内钢液温度、钢液位水平及出流流速随浇铸时间的变化曲线。根据钢液位的变化及温降过程，可对现有参数中钢包到达时间和温度进行较为精准的调整。

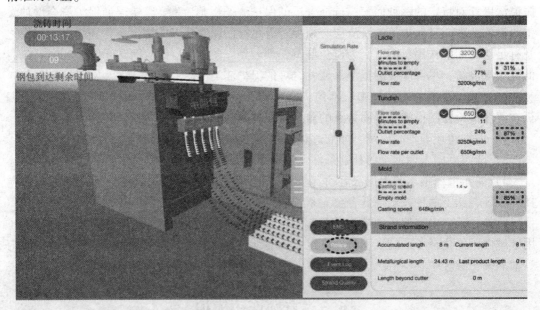

图 6.4　模拟过程主面板

模拟开始时，钢包和中间包初始容量为 83% 和 5%，保持常规模拟速度，设置钢包流速为 5000kg/min，调整模拟速度；待中间包快速上升到 60% 时，降低模拟速度；设置中间包出流量为 650kg/min，结晶器液位上升时开启电磁搅拌，待结晶器液位升至 85% 左右时，打开塞棒；选择拉坯速度为 1.4m/min，调整中间包流速，保持结晶器液位在 80% 以上，以免因为初生坯壳过薄而引起的漏钢。当中间包液位达到 90% 左右时，调整钢包出流量，使中间包液位保持较高水平，避免换包过程钢液位降得过低甚至排空，引起铸坯内夹杂物含量的升高。当钢包容量降至 5% 时，当前钢包被判定为排空状态。此时，第二包钢水也恰好运至钢包回转台，快速点击"Rotate（旋转）"按钮，进行换包操作。换包过程约需耗时 3min。待钢包长水口安装好后，快速设置钢包流速为 5000kg/min，待中间包液位达到 90% 左右时，调整钢包流速保持进出流量一致。整个操作过程须关注结晶器内液位高度，以防止液位过低而发生漏钢。同理，待第二包钢水浇完时，第三包正好抵达回转台，换包操作和出流情况设置与之前一样。待第三包钢水排空后，保持拉速和结晶器液位不变，中间包液位缓慢排至 20% 时，浸入式水口关闭，此时将模拟速度调到最大。待结晶器完全排空后，所有钢液完全凝固完且铸坯经过火焰切割后，浇铸完成，系统弹出最终模拟结果界面。整个模拟过程中，可通过点击"铸坯的质量"按钮实时查看已生产铸坯的 5 项质量指标。

图 6.5 列出了建筑钢铸坯的 5 种质量参数标准，只有同时满足内部裂纹、表面裂纹、中心偏析、夹杂物含量及振痕深度的质量指标的铸坯，才被认定为可用。任何两种以内质量不达标的，被判定为降级使用材料；两种以上质量不达标时，被判定为废钢。三包钢水浇铸下来，建筑钢铸坯的总长度为 117.9m，满足质量标准的铸坯总长度为 117.9m，铸坯成材率为 100%，模拟过程总的运行成本为 16669 \$，平均每米铸坯的成本为 28.27 \$，相应的每吨铸坯的生产成本为 57.25 \$。此外，在浇铸末期所生产铸坯的夹杂物含量条呈橙色，表明此时铸坯内夹杂物含量较高。因为浇铸末期中间包液位降至一定程度后，钢液内夹杂物不易上浮去除，且存在汇流漩涡抽吸渣层的现象，使得渣和夹杂物进入结晶器。因建筑钢对夹杂物含量的要求并不高，浇铸末期尾坯的夹杂物含量的上升，仍能满足钢种质量要求，因此整个浇铸完成所获得的铸坯成材率为 100%。

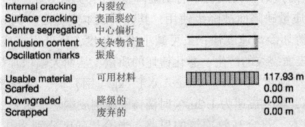

图 6.5 建筑钢浇铸完成后的结果

6.3.2 建筑钢连铸参数分析

模拟建筑钢连铸过程时，不同的参数会导致不同的结果。下面针对拉速与冷却强度、振动参数、保护渣及钢包参数进行简要分析，以加深操作熟练度及成本控制思路。

6.3.2.1 拉速与冷却强度的分配

为准确地分析出拉速与冷却强度对连铸成本和成材率的影响，设计了表 6.6 中拉速与冷却强度组合参数进行模拟分析，其中，各方案所对应的结晶器震动参数与上述示例一致，钢包内钢液温度和结晶器保护渣类型也相同，钢包达到回转台的时间根据拉速进行动态调整。

表 6.6 不同拉速和冷却强度下建筑钢连铸坯质量和吨成本

拉速/m·min⁻¹	冷却强度/kg（水）·kg（钢）⁻¹	模拟结果	
		合格长度/m	成本/$·t⁻¹
1.2	0.3	117.8	66.09
1.2	0.4	118.0	65.47
1.2	0.5	104.2	69.85
1.2	0.6	104.2	69.3
1.4	0.3	109.9	61.44
1.4	0.4	117.9	57.26
1.4	0.5	117.9	57.25
1.4	0.6	104.2	60.08
1.6	0.6	发生漏钢	
1.8	0.6	发生漏钢	

由表 6.6 中结果可知，当拉速为 1.2m/min，冷却强度在 0.3~0.4kg（水）/kg（钢）之间时，连铸的成材率均能达到 100%，其吨钢成本会随着冷却强度的增加而小幅降低；当冷却强度大于 0.5kg（水）/kg（钢）时，其成材率有明显降低，约为 88.8%，生产的铸坯里有 13.7m 的铸坯会发生表面质量缺陷而被降级使用，其吨钢成本则随之增到 69 $以上。这是因为冷却强度过大时，铸坯冷却速度快，虽可减小冶金长度，降低生产成本，但铸坯表面温度过低较易引起铸坯表面裂纹的产生，恶化铸坯的质量，从而大幅增加生产成本。当拉速为 1.4m/min 时，冷却强度在 0.4~0.5kg（水）/kg（钢）时，成材率为100%，吨钢成本控制在 57.25 $左右，较之拉速为 1.2m/s 时浇铸的吨钢成本降幅达 8.2 $。由此可知高拉速能显著降低连铸成本，符合高效连铸的思路。当冷却强度分别为 0.3kg（水）/kg（钢）和 0.6kg（水）/kg（钢）时，成材率未达到 100%，主要原因是由于冷却强度过高或过低导致铸坯容易产生表面裂纹。当拉速增至 1.6~1.8m/min 时，在现有的结晶器振动参数和保护渣类型下，在浇铸过程中设定拉速时，系统提示发生漏钢。主要原因有：（1）振痕深度，可通过调整结晶器振动参数进行优化；（2）结晶器坯壳过薄，经尝试，此问题通过提高结晶器开浇液位（90%以上）依然无法解决。

6.3.2.2 结晶器振动参数的调控

结晶器振动装置的主要功能是使结晶器上下往复振动，使结晶器按给定的振幅、频率和波形偏斜特性沿连铸机半径做仿弧运动，防止铸坯在凝固过程中与结晶器铜壁发生粘结而出现漏钢，减小拉坯阻力及改善铸坯表面质量。在演示案例的基础上，针对建筑钢连铸过程增加了表 6.7 中的几组振动参数进行模拟计算，所得的结果如表所示。其中，所有案例的拉速和冷却强度均为 1.4m/min 和 0.5kg（水）/kg（钢），且保护渣类型均为 A 型，因拉速一致，钢包到达时间和钢液温度与示例中相同。由表 6.7 中数据可知，结晶器振动参数是影响连铸坯质量和生产成本的重要因素。当设置振动参数与连铸工艺不合适时，铸坯表面易出现横向裂纹，模拟过程中会出现判废的铸坯，显著降低金属收得率，增加生产成本。

表 6.7 不同振动参数下建筑钢铸坯质量和吨钢成本

振程/mm	频率/min^{-1}	模拟结果	
		合格长度/m	成本/$ · t^{-1}
4	210	109.88	61.45
4	180	109.87	63.67
4	160	117.9	57.25
4	120	漏钢	
5	180	96.1	65.64
5	110	104.14	60.1
5	150	96.1	62.95
6	160	88.2	65.49
6	120	104.2	60.12
7	160	88.2	66.7

当振程为 4mm，频率由 160min^{-1}增至 210min^{-1}时，吨钢成本由 57.25 $ 增至 63.67 $，铸坯成材率由 100%降至 93.2%左右。当频率降至 120min^{-1}时，设定拉速时便发生漏钢而终止模拟。当振程为 5mm 时，为保证结晶器加速度小于 1m/s^2，频率必须小于 190min^{-1}，虽然负滑脱时间在 0.11s 左右，但其振痕深度均大于 0.20mm，且保护渣消耗量大，因此铸坯的成材率较低，吨钢成本较高。当振程大于 6mm 时，负滑脱时间不能达到 0.11s，且振痕深度和保护渣消耗量均明显上升，导致铸坯成材率有持续的下降，吨钢成本均处于较高的水平。因此，在计算开始前，根据振动参数的选择应使负滑脱时间接近 0.11s，振痕深度应小于 0.20mm，且结晶器加速度应小于 1.0m/s^2，这样才能避免铸坯表面横向裂纹的产生，提高成材率，从而大幅降低生产成本。

6.3.2.3 保护渣类型

针对裂纹敏感性钢而言，其适用的保护渣类型为 A 或 B 型（见表 6.4）。在连铸模拟时，如果保护渣类型选取不当，则在打开塞棒开始浇铸时，系统报错而被迫终止。对于拉速 1.4m/min 和冷却强度 0.5kg（水）/kg（钢）的模拟演示而言，改变保护渣类型会直接导致漏钢，因此在此拉速与冷却条件下，结晶器保护渣只能选择 A 型。如若要使用 B 型保护渣，可改变其他参数以降低振痕深度和增加结晶器坯壳厚度。

表 6.8 所示为采用 A 和 B 型结晶器保护渣所浇铸建筑钢连铸坯的质量和吨钢成本对比。由表可知，当拉速为 1.2m/min 时，采用 B 型保护渣可保证建筑钢连铸生产的顺行，当冷却强度为 0.4kg（水）/kg（钢）时，所浇铸的铸坯成材率可到 100%，吨钢成本为 66.53 \$，相较于模拟演示中的成本有明显增加，主要是由于低拉速和冷却强度的组合明显降低了连铸的效率。当冷却强度增至 0.5kg（水）/kg（钢）后，其成材率急剧下降至 68%，吨钢成本明显增加至 73.98 \$。根据铸坯质量监控可知，铸坯表面裂纹质量条全程呈橙色，表明此次浇铸的铸坯表面裂纹发生的概率高，因此铸坯成材率降低，导致成本的增高。这是由于低拉速+高冷却强度的组合使得冷却速度增加，铸坯表面温度较低，较容易引起表面裂纹。相比于方案 2 和方案 4，当拉速和冷却强度分别为 1.2m/min 和 0.5kg（水）/kg（钢）时，采用 A 型保护渣所浇铸的铸坯成材率和吨钢成本均比 B 型的要低，表明保护渣不仅影响脱模效率，也影响铸坯凝固行为。因此，确定合理的拉速和冷却强度组合之后，应选取相应的保护渣，可在确保连铸顺行的同时，提高铸坯质量。这是降成本所要考虑的重要因素。

表 6.8　保护渣类型对建筑钢连铸坯的质量和吨钢成本的影响

参　数	方　案			
	1	2	3	4
浇铸速度/m·min^{-1}	1.2	1.2	1.4	1.2
冷却强度/kg（水）·kg（钢）$^{-1}$	0.4	0.5	0.5	0.5
振程/mm	4	4	4	4
频率/min^{-1}	160	160	160	160
保护渣类型	B	B	B	A
电磁搅拌	on	on	on	on
第一包钢水到达温度/℃	1560	1560	1560	1560
第二包钢水到达温度/℃	1555	1555	1555	1555
第二包钢水到达时间/min	24	24	22	24
第三包钢水到达温度/℃	1555	1555	1555	1555
第三包钢水到达时间/min	57	57	50	57
合格铸坯长度/m	117.9	80.2	–	104.2
实际铸坯成材率/%	100	68	–	88.4
吨钢成本/\$	66.53	73.98	漏钢	69.85

6.3.2.4　结晶器电磁搅拌

方坯连铸机可以使用电磁搅拌系统（EMS），用于促进结晶器内夹杂物上浮去除，打断初生枝晶，增加等轴晶核，从而减少铸坯的偏析，改善铸坯内部质量。通过有/无电磁搅拌下建筑钢连铸模拟结果对比发现，未加载电磁搅拌时，铸坯发生中心偏析缺陷的概率较大，使得铸坯的成材率大幅降低，合格的铸坯长度仅为96.13m，成材率仅81.5%左右，被降级的铸坯长度为21.77m，吨钢成本增至59.46＄，较之加载电磁搅拌后铸坯的吨钢成本增加了2.2＄。因此，为提高铸坯成材率，从而降低生产成本，浇铸建筑钢时应保持结晶器电磁搅拌开启。

6.3.2.5 钢包钢液温度

表6.9中讨论了在拉速1.4m/min和冷却强度0.5kg（水）/kg（钢）的前提下，第一包钢液温度由1575℃降至1545℃时，浇铸得到的建筑钢连铸坯的成材率及吨钢成本。其中，第二包和第三包钢水与第一包钢水温差为5℃。当第一包钢水温度在1575℃时，其合格铸坯长度为109.9m，吨钢成本为62＄，表明过热度过高易引起质量缺陷，如铸坯内柱状晶生长发达，易形成中心缩孔并加剧中心偏析。同时，高的过热度意味着冷却时间的增加，连铸生产效率降低且耗水量提高，必然会增加生产成本。钢包温度在1570~1560℃之间时，所得到的铸坯成材率均为100%，而吨钢成本由58.81＄降至57.25＄；在钢包温度为1565~1560℃时，吨钢成本没有明显下降。而当温度降至1560℃以下时，其成材率下降，成本升至62＄左右，表明当前拉速和冷却强度下浇铸建筑钢时，其最佳的钢包内钢液温度应该为1560~1565℃。此外，当钢包钢液温度在1545℃以下时，钢液在未浇铸到结晶器时即发生提前凝固，表明钢液过热度过低，满足不了浇铸过程的温降要求，引起钢液在容器内提前凝固，直接阻断了生产的顺行，模拟被迫终止。

表6.9 不同钢包达到温度下建筑钢铸坯质量和吨钢成本

第一包钢水温度/℃	第二包钢水温度/℃	第三包钢水温度/℃	模拟结果	
			合格长度/m	成本/＄·t⁻¹
1575	1570	1570	109.9	62
1570	1565	1565	117.9	58.81
1565	1560	1560	117.9	57.25
1560	1555	1555	117.9	57.25
1555	1550	1550	109.9	62.01
1550	1545	1545	109.97	61.95
1545	1540	1540	钢液发生凝固	

6.4 板坯连铸模拟

6.4.1 管线钢连铸模拟

根据6.2.3节中对管线钢的钢种特性分析，及6.2.4节中各钢种连铸工艺参数的选取原则，本训练中设定的管线钢连铸过程模拟参数如表6.10所示。由表可知，该管线钢采用两流板坯连铸机生产，铸坯断面尺寸为1200mm×230mm，钢包容量为250t，拉速、冷却强度、振程、频率、保护渣类型及轻压下强度分别为1.2m/min、0.6kg（水）/kg（钢）、4mm、160min^{-1}、C型及"Medium"。通过初步计算和多次尝试，确定第二和第三包钢水到达回转台的时间分别为39min和87min。

表6.10　管线钢连铸模拟参考参数

参数名称	数值	参数名称	数值
铸坯断面/mm×mm	1200×230	第一包钢水温度/℃	1565
目标拉速/m·min^{-1}	1.2	第二包钢水到达时间/min	39
冷却水流量/kg（水）·kg（钢）$^{-1}$	0.6	第二包钢水温度/℃	1560
振程/mm	4	第三包钢水到达时间/min	87
频率/min^{-1}	160	第三包钢水温度/℃	1560
结晶器保护渣	C	轻压下强度	Medium
保护渣黏度/Pa·s	0.19	中间包容量/t	250

图6.6所示为管线钢连铸模拟操作面板。由图可知，管线钢板坯连铸模拟系统控制面板基本与建筑钢相同，主要区别在于方坯中用于开启电磁搅拌的按钮替换成了轻压下（Soft reduction）的工作强度选项，有"None"、"Low"、"Medium"和"High"四个不同强度的选项。为保证所浇铸铸坯质量的合格率，应在整个浇铸过程中保持轻压下的开启状态，其强度设置在"Medium"。此外，在左侧连铸机视图上，出现一个类似摄像机的图标，点击该图标后，弹出四个视图，可从不同角度查看连铸机的工作状态。

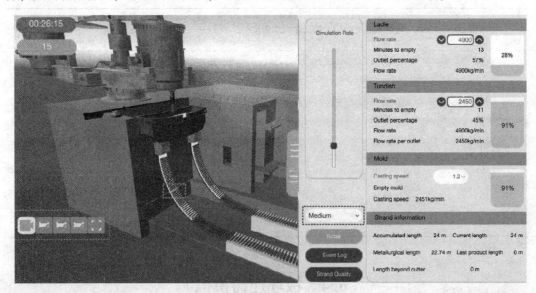

图6.6　管线钢连铸模拟控制面板

浇铸时，钢包的初始容量为86%，中间包初始容量为4%，结晶器为空置状态。为确保浇铸的高效进行，开始时，设定钢包的流量至最大值10600kg/min；快速充包至中间包达80%以上后，调整模拟速度，设定中间包流量为2450kg/min；待结晶器液位升至80%以上时，选定拉速为 1.2m/min，保持中间包和结晶器流量；待中间包容量达到 90% 左右时，调整钢包流量至 4900kg/min，保证整个稳态浇铸过程基本平衡，同时开启轻压下，强度选为"Medium"；随后适当加快模拟速度，并关注结晶器液位水平，若出现异常须及时调整。从开浇到第一包钢水排空时间约为 39min，此时，第二包钢水运抵钢包回转台；点击"Rotate"按钮，进行换包操作，整个过程大约需要耗费 3min；待安装好长水口后，及时设定钢包的流量 10600kg/min，快速充包，使中间包液位达到 90% 左右时，将流量降至稳态浇铸水平。浇铸 87min 左右时，第二包钢水排空，正好第三包钢水运抵回转台。第三包钢水的换包操作及浇铸特性与第二包钢水一致。待第三包钢水排空后，长水口关闭，中间包液位急剧下降，夹杂物上浮去除率随之减弱。为尽量避免中间包浇铸末期铸坯内夹杂物的含量增高的问题，可在中间包液位到达 80% 左右时，改变拉速至 1.0m/min，并调整中间包出流量，保持结晶器液位相对平衡，继续浇铸；当中间包容量降至 20% 后，浸入式水口关闭，结晶器钢液继续排空；将模拟速度拉到最大，直到所有铸坯凝固完全并经过火焰切割器处理后，系统弹出模拟结果，本次模拟完成。

值得注意的是，浇铸过程中，左侧铸机视图中二冷段偶尔会出现红框，出现对弧不准的问题。左键点击该框，再次点击即可修复。每次修复会添加 250 $ 的成本。整个过程会多次出现该问题，因此需及时进行处理。图 6.7 为管线钢连铸模拟演示所得到的铸坯质量和成本结果。由图可知，三包钢水浇铸下来，生产的铸坯长度为 169.3m，其中符合质量标准的铸坯长度为 160m，降级使用的铸坯长度为 9.25m，质量合格率接近 94.6%，整个操作过程的成本为 27845 $，吨钢成本为 38.14 $，而每米铸坯的成本为 83.16 $。同样地，由上方质量标准条状图可以看到，夹杂物含量在浇铸末期是会出现一小段橙色条带，原因是中间包浇铸末期液位过低，夹杂物上浮去除困难且易形成汇流漩涡带渣进入结晶器而引起的。管线钢夹杂物含量要求比建筑钢和工程钢严格，故此时浇铸的部分铸坯因夹杂物含量相对较高而被降级使用。

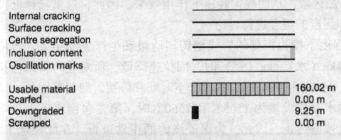

图 6.7 管线钢模拟得到的铸坯质量和成本结果

6.4.2 管线钢连铸参数分析

6.4.2.1 轻压下强度对管线钢连铸过程质量和成本控制的影响

管线钢板坯连铸过程采用末端轻压下技术来降低铸坯中心偏析发生的几率。"钢铁大学"板坯连铸模拟系统提供了从"None"到"High"四个等级强度的轻压下条件选项，分别代表四个轻压下强度，即：无轻压下、小压下量、中等压下量和大压下量。

表6.11列出了上述四种轻压下强度下管线钢连铸模拟得到的铸坯质量及生产成本，其中，每个方案除压下强度不同之外，其他参数均与管线钢模拟演示中选取的参数相同。由表中模拟结果可知，未施加轻压下时，管线钢铸坯成材率为90%，吨钢成本为38.78 \$；而加载低压下量的轻压下后，铸坯的成材率没有明显的回升，但吨钢成本却略有上升，增至38.95 \$。当轻压下的压下量调节为中等时，成材率约为94.6%，且吨钢成本降至38.14 \$，相对于其他条件有明显的降低。当轻压下的压下量增至最高时，成材率和吨钢成本分别为90%和40.84 \$。这是由于压下量过大，补缩钢液凝固收缩和打断凝固末端铸坯液心的枝晶降低中心偏析的同时，导致铸坯变形严重。补缩效果过度且压下使得铸坯中心溶质运动更为复杂，在一定程度上恶化了铸坯质量。

表6.11 轻压下强度对管线钢连铸坯质量及成本的影响

轻压下强度	铸坯总长度/m	合格长度/m	成材率/%	成本/\$·t⁻¹
无	169.2	152	90	38.78
低	169.2	152	90	38.95
中	169.2	160	94.6	38.14
高	169.2	152	90	40.84

6.4.2.2 拉速与冷却强度对管线钢连铸坯质量和成本控制的影响

不考虑其他参数影响时，冶金长度不仅是影响连铸效率和成本的关键因素，且直接决定了凝固末端是否处于轻压下作用区域，从而确保轻压下作用效果。因此，这里选择低拉速+低冷却强度及高拉速+高冷却强度的组合进行讨论。

表6.12为不同拉速和冷却强度下模拟得到的管线钢铸坯质量和生产成本结果。当拉速为1.0m/min，冷却强度为0.4kg（水）/kg（钢）时，因拉速降低，所对应的第二包和第三包钢水到达的时间分别增至46min和104min，钢液排空时间和停留时间明显增加。经尝试发现，当第一包和第二包钢水温度设置为1565℃和1560℃时，第二包钢水还未排空系统即提示钢液提前凝固，模拟被迫终止。因此，为保证浇铸的正常进行，在此拉速下，第一包和第二包钢液的温度均不能低于1570℃和1565℃，模拟计算所得的管线钢铸坯合格长度为152m，实际成材率为90%；吨钢成本为44.76 \$，相较于模拟演示中的成本有很大的提高，约为6.6 \$。主要是因为拉速降低，生产效率较低，且冷却速率低，冶金长度较长，既增加了生产成本又影响了轻压下的作用效果。当拉速为1.2m/min，冷却强度小于0.5kg（水）/kg（钢）时，由于快拉速配合低冷却强度，导致铸坯在轻压下作用区间凝固程度不够，液心流态的钢液比例较大，轻压下对缓解铸坯中心凝固收缩效果不明显，

导致在拉出轻压下区间后偏析继续产生，铸坯中心偏析严重（中心偏析质量条带全程橙色），铸坯成材率极低，均为 0%，吨钢成本在 46 \$ 左右。当冷却强度增至 0.8kg（水）/kg（钢）时，冷却水消耗增加，铸坯凝固相对较快，并可能有少量铸坯会因冷却强度过大而产生表面裂纹，铸坯成材率为 94.6%，吨钢成本增加至 38.71 \$。当拉速增至 1.4m/min，冷却强度 0.8kg（水）/kg（钢）时，铸坯在结晶器内产生的坯壳厚度不够，易产生漏钢。如要避免漏钢，可通过调整振动参数和保护渣类型，增加结晶器的润滑和减小振痕。

表 6.12　不同拉速和冷却强度下管线钢连铸坯质量和吨钢成本

参　数	方　案					
	1	2	3	4	5	6
浇铸速度/m·min^{-1}	1.0	1.2	1.2	1.2	1.2	1.4
冷却强度/kg（水）·kg（钢）$^{-1}$	0.4	0.4	0.5	0.6	0.8	0.8
振程/mm	4	4	4	4	4	4
频率/min^{-1}	160	160	160	160	160	160
保护渣类型	C	C	C	C	C	C
轻压下强度	Medium	Medium	Medium	Medium	Medium	Medium
第一包钢水到达温度/℃	1570	1565	1565	1565	1565	1565
第二包钢水到达温度/℃	1565	1560	1560	1560	1560	1560
第二包钢水到达时间/min	46	39	39	39	39	
第三包钢水到达温度/℃	1565	1560	1560	1560	1560	1560
第三包钢水到达时间/min	104	87	87	87	87	—
合格铸坯长度/m	152	0	0	160	160	—
实际铸坯成材率/%	90	0	0	94.6	94.6	
吨钢成本/\$	44.76	46.16	45.78	38.14	38.71	发生漏钢

6.4.2.3　振动参数与结晶器保护渣类型对管线钢连铸坯质量和成本控制的影响

与方坯连铸相似，板坯连铸结晶器振动参数对连铸过程铸坯质量和成本有显著的影响，尤其是对结晶器内是否漏钢及铸坯表面质量，起关键作用。

表 6.13 为不同振动参数和保护渣类型下管线钢连铸坯合格率及吨钢成本结果。由结晶器保护渣类型选取原则中得出适用于管线钢生产的保护渣有 C 型和 D 型两种，其他类型保护渣不适用于本钢种。如若选择其他类型保护渣，则会在设定拉速的同时便发生漏钢，连铸模拟终止。因此，在此只考虑对比 C 型和 D 型保护渣对管线钢连铸坯质量和生产成本的影响。由表中结果可知，采用 C 型结晶器保护渣浇铸管线钢时，当振程为 4mm，频率由 160min^{-1} 增至 180min^{-1} 时，负滑脱时间保持 0.11s，保护渣消耗量由 0.36kg/m^2 降为 0.35kg/m^2，振痕深度保持为 0.19mm（在 0.2mm 以内），铸坯成材率基本不变。但频率的

增加会在一定程度上导致生产成本的增加，综合考虑后，铸坯生产成本上没有明显的改变。当振程增至为 5mm，频率为 180min^{-1} 时，负滑脱时间为 0.12s，保护渣消耗量为 0.54kg/m^2，结晶器加速度为 0.89m/s^2，所浇铸出来的铸坯成材率降为 90%，吨钢成本增至 38.73 \$。当选取的渣型为 D 时，保护渣的消耗量明显增加，且 D 型保护渣的价格比 C 型高，故导致比同等浇铸条件下选取 C 型保护渣浇铸的铸坯吨钢成本相对较高。

表 6.13　不同振动参数和保护渣下管线钢连铸坯质量和吨钢成本

参　数	方　案			
	1	2	3	4
浇铸速度/m·min^{-1}	1.2	1.2	1.2	1.2
冷却强度/kg（水）·kg（钢）$^{-1}$	0.6	0.6	0.6	0.6
振程/mm	4	4	5	4
频率/min^{-1}	160	180	180	160
保护渣类型	C	C	C	D
轻压下强度	Medium	Medium	Medium	Medium
第一包钢水到达温度/℃	1565	1565	1565	1565
第二包钢水到达温度/℃	1560	1560	1560	1560
第二包钢水到达时间/min	39	39	39	39
第三包钢水到达温度/℃	1560	1560	1560	1560
第三包钢水到达时间/min	87	87	87	87
合格铸坯长度/m	160	160	152	160
实际铸坯成材率/%	94.6	94.6	90.0	94.6
吨钢成本/\$	38.14	38.09	38.73	38.49

6.4.2.4　钢包钢液温度对管线钢连铸坯质量和成本控制的影响

表 6.14 为不同钢包到达时钢液温度下获得的管线钢连铸坯模拟结果。已知管线钢的液相线温度为 1524.5℃，当浇铸温度过高时，如第一包钢水温度在 1570℃ 以上时，浇铸虽能够正常进行，但生产成本会有一定程度提高，连铸吨钢成本随着过热度的增加而增加；当第一包钢水温度为 1565℃ 时，吨钢成本低至 38.14 \$，而当浇铸温度降至 1560℃ 时，钢包内钢水过热度仅为 36℃ 左右，第二和三包的钢水过热度则为 31℃ 左右。考虑到钢包排空时间在 40~50min 之间，而钢液在中间包内的停留时间至少需要 12min。此外，钢液在中间包内有一定的停留时间，若考虑钢液温降速率为 0.5℃/min，则钢包内钢液流入到结晶器内进行初始凝固之前，钢液的温降有很大的可能会高于过热度。一旦温降超过过热度，钢液的温度低于液相线温度而开始凝固，使得钢液在中间包内便初步凝固，形成的糊状钢液无法进入结晶器而导致浇铸不能完成，生产中断，该次模拟失败。

表 6.14　不同钢包达到温度下管线钢铸坯质量和吨钢成本

参　　数	方　案			
	1	2	3	4
浇铸速度/m·min^{-1}	1.2	1.2	1.2	1.2
冷却强度/kg（水）·kg（钢）$^{-1}$	0.6	0.6	0.6	0.6
振程/mm	4	4	4	4
频率/min^{-1}	160	160	160	160
保护渣类型	C	C	C	C
轻压下强度	Medium	Medium	Medium	Medium
第一包钢水到达温度/℃	1575	1570	1565	1560
第二包钢水到达温度/℃	1570	1565	1560	1555
第二包钢水到达时间/min	39	39	39	39
第三包钢水到达温度/℃	1570	1565	1560	1555
第三包钢水到达时间/min	87	87	87	87
合格铸坯长度/m	160	160	160	0
实际铸坯成材率/%	94.6	94.6	94.6	0
吨钢成本/$	38.77	38.31	38.14	提前凝固

　　上述建筑钢和管线钢的模拟演示和参数分析结果是基于当时的钢铁大学连铸模块状态和编者所使用的计算机设备获得，仅供参考。模拟结果与设备、网络状态、操作行为及系统的稳定性有一定的关联。本节旨在让初学者加深理解，为实习报告中工程钢和超低碳钢的模拟和成本优化奠定基础。

6.5　连铸成本优化分析

6.5.1　成本的构成

　　连铸过程的操作成本以 $ 为单位，包含每小时的操作成本、修理辊子对中不良产生的成本、测温成本、电磁搅拌工作成本、轻压下设备工作成本、铸坯冷却耗水成本、铸坯降级使用增加的成本、表面裂纹火焰清理的成本、结晶器保护渣消耗的成本及报废降低的利润成本等。

　　其中，一定长度铸坯的降级处理会使利润率降低 20%，而报废铸坯会使利润率降低 80%，同时，对一定长度铸坯进行火焰清理的成本占该钢种成本的 2.5%。因此，为降低生产成本，应尽量避免铸坯缺陷的产生，提高铸坯成材率。

6.5.2　成本优化思路

　　成本优化的思路主要有：铸坯质量控制；合理模拟参数的选取；模拟操作的规范。

6.5.2.1　铸坯质量控制

用模拟结果图中五个评判标准评价铸坯质量,产生橙色表明铸坯在该项标准上未得到满足。这些缺陷对不同的钢种有不同的影响。一些表面缺陷可以用火焰清理来去除;一些缺陷会使铸坯降级,严重情况下会使整块的铸坯被判定为废钢。表6.15列出了不同钢种铸坯中存在某种质量缺陷的情况下,应采取的相应措施。

表 6.15　铸坯质量缺陷及相应措施

钢种	降级	废钢	火焰清理
建筑钢	任意两种以内	任意两种以上	表面裂纹
超低碳钢	任意缺陷	任意两种以上	表面裂纹或振痕
管线钢	内裂纹/中心偏析/夹杂物	任意两种以上	表面裂纹或振痕
工程钢	任意两种以内	任意两种以上	-

铸坯受到的应力和产生的应变决定了其内部裂纹和表面裂纹发生的概率。在生产过程中防止裂纹发生的主要措施有:选择合适的结晶器保护渣和选取合理的振动参数,让振痕深度小于0.2mm,在板坯连铸过程出现辊子对中不良时及时进行维修处理。

(1)减小铸坯中心偏析的措施有:板坯连铸时,匹配合适的拉速与冷却强度,使得铸坯凝固终点在轻压下作用区间内,并调整合理的压下强度,进一步降低铸坯液心富集溶质的聚集;方坯连铸时,保持电磁搅拌开启,横向剪切的电磁力可打断结晶器内初生的枝晶形成新的等轴晶核,有效增加铸坯等轴晶率,从而降低铸坯中心偏析。

(2)降低铸坯夹杂物含量的主要方法有:

1)中间包开浇吨位的控制,对于夹杂物要求较低的建筑钢,一般要求中间包充包至60%时打开塞棒,进行结晶器充包;而对于夹杂物含量要求严格的钢种,则应在充包至80%以上时才考虑打开塞棒浇铸,以确保夹杂物在中间包内有足够的上浮去除的时间;

2)保持结晶器电磁搅拌开启,能进一步促进钢液内部分夹杂物上浮去除,进一步提高钢液的纯净度。

振痕取决于振动参数的设置,在模拟过程中如果振痕质量不达标,就应对结晶器振动参数进行调整,从而降低铸坯的振痕深度,从而降低漏钢的几率。

6.5.2.2　参数的选取

(1)拉速与冷却强度:拉速与冷却强度决定了冶金长度,直接影响连铸效率,并决定了铸坯表面温度与结晶器初生坯壳厚度,同时也是高效连铸中低成本快拉速工艺所关注的重点。合理的拉坯速度和冷却强度的搭配,可保证铸坯良好的表面质量,降低表面裂纹的发生概率,可有效降低铸坯中心偏析程度,降低生产成本。同时,可保证铸坯在结晶器内生成合理厚度的坯壳,避免被拉出结晶器时产生漏钢。此外,对板坯而言,合理的拉速与冷却强度组合使凝固末端处于轻压下区间,可强化压下效果,改善中心偏析。

(2)振动的设置:在限定范围内选定合理的振程和频率,使负滑脱时间接近0.11s,振痕深度合理且结晶器加速度小于$1m/s^2$。保护渣的选取原则和四个钢种所选取的保护渣类别见 6.2.4 节所述。

(3) 钢包参数：钢包到达回转台的时间和温度由钢种液相线温度、容量、拉速等确定。一般，钢包到达时间应正好与上一包钢水排空时间吻合，若匹配不得当，会造成两个严重后果：一是中间包液位急剧下降造成夹杂物缺陷；二是钢包到达时间较排空时间晚，则增加了下包钢水的排空时间，增加温降，会引起钢液提前凝固。钢包温度过高会增加冷却成本和冶金长度，并增加铸坯中心偏析度，降低铸坯质量，增加生产成本。若过热度过低，浇铸时会在钢包和中间包内发生凝固而浇铸终止。此外，增加钢液的过热度会减少结晶器坯壳的厚度，不够支撑其内部钢液的重量，易引起漏钢。同时，因为第一包钢水刚开始注入中间包时，钢液与预热的中间包之间有较大的热交换，且钢液在中间包内有较长时间的扩散，这都会导致第一包钢水在中间包内的温降较大。因此，第一包钢液温度要比第二、三包钢水高 5~10℃较为适宜。

对于方坯连铸过程，为了提高钢液纯净度和降低铸坯中心偏析程度，结晶器电磁搅拌应保持开启状态；对于板坯连铸而言，轻压下技术是减轻铸坯中心偏析的主要手段，应根据钢种的需求选择合理的轻压下强度。

6.5.2.3 操作的规范

在连铸过程模拟实训时，除了参数的选取对模拟结果有影响外，模拟过程的操作行为同样对生产成本有着直接的影响。

A 方坯连铸

对于方坯连铸，应注意以下问题：

(1) 模拟速度：所有进行参数调整的动作均应在最低模拟速度下进行。当结晶器、中间包的出入流量保持基本一致时，可适当调快模拟速度，提高模拟的效率，但此时应时刻关注液位高度的变化。如中间包和结晶器液位达到 90% 以上后，易发生溢钢。当被系统判定为溢钢时，钢包长水口/浸入式水口会自动关闭。如此时处于较高的模拟速度，则结晶器液位会快速下降，如未及时进行流速调整，就会提示结晶器发生漏钢现象。

(2) 电磁搅拌应在设定拉速前开启，以保证浇铸前期铸坯内夹杂物含量指标符合标准，并在整个浇铸过程中保持开启。点击 "EMS" 按钮后，如果操作界面未显示任何变化，为确保电磁搅拌开启成功，可在点击后查看事件日志，如显示 "EMS is started"，则电磁搅拌正常开启。

(3) 设定拉速的时机应控制在结晶器内钢液位到达 80% 以上，否则极易发生漏钢。设定好拉速之后，会显示结晶器浇铸流量。为保持结晶器液位相对稳定，应及时调整中间包流量，与之相匹配。

(4) 中间包开浇液位直接影响头坯夹杂物含量，且影响第一个钢包钢水排空时间，即第二包钢水到达的时间。浇铸建筑钢时，因夹杂物含量要求标准较低，在中间包液位达到 60% 左右便可开浇；随后缓慢升至 90% 左右时，可调整钢包长水口流量，控制中间包液位保持相对平稳。若浇铸夹杂物含量要求较高的钢种时，应待中间包充包至 80% 以上进行开浇操作，钢包钢液排空时间缩短，铸坯内夹杂物含量能保证满足质量要求。

(5) 对第二、三包钢水抵达时间和温度应严格控制：通过进出口流量和钢包容量及开浇液位和保持液位，确定第二包钢水到达钢包回转台的时间，使第一包钢水排空的同时，第二包钢水正好装配到回转台。其温度应该由排空时间和温降速率及钢液的液相线温度综合决定。如某钢种液相线温度为 1515℃，钢液由中间包注入结晶器过程温降为 0.75℃/min，排空这包钢水需要 40min。为避免钢液在钢包中发生凝固，且保证中间包内钢液过热度在 10℃ 以上，必须保证钢包内钢液到达时的温度在 1555℃ 以上。否则，浇铸过程中操作界面会提示中间包钢水发生凝固，使得整个模拟过程被迫停止。

    B   板坯连铸

对于板坯连铸，在模拟操作时，应注意以下几个问题：

（1）浇铸第一包钢水时，需将中间包充至 80% 以上打开塞棒，避免液位过低，夹杂物来不及上浮去除而流入结晶器，恶化头坯铸坯质量。因钢包流量较大，充包速度较方坯快，因此在中间包液位达到 90% 后，快速调整出流量至稳态浇铸状态。故调整流量的时候应将模拟速度恢复到常规速度，避免来不及调整，导致中间包充满而发生溢钢。

（2）管线钢连铸过程换钢包操作约需耗时 3min，在此时间内，中间包液位迅速下降。为避免换包引起的夹杂物质量问题，建议在换包操作结束后、长水口再次开启前，中间包内钢液容量应在 70% 以上，才能保证换包初期夹杂物有足够的时间上浮去除，避免注流冲击引起的钢液裸露和钢/渣卷混引起的质量问题。因此，在换包操作之前稳态浇铸时，中间包容量应保持足够高的水平。

（3）区别于方坯连铸机中电磁搅拌控制铸坯中心偏析，板坯连铸机采用的是轻压下技术，因此连铸过程中轻压下应长期保持开启，否则铸坯中心偏析严重，无法满足质量标准。

（4）当左侧视图中出现辊子对弧不准的问题时，应及时进行处理。处理过程较为简单，但会产生相应的维修费用。若长时间不修复，则会直接影响铸坯的表面和内部质量，引起其他一系列不良反应，造成更多的成本损失。

（5）浇铸末期有一段铸坯的夹杂物含量升高，可适当降低拉速，增加钢液在中间包内停留时间，以促进中间包内夹杂物上浮去除，可在一定程度上减少浇铸末期尾坯内夹杂物的含量。

6.6 连铸实习报告

6.6.1 报告要求

连铸实习报告要求为：

（1）参照上述建筑钢大方坯和管线钢板坯连铸模拟演示过程和参数分析方法，熟悉连铸模拟操作流程，并尝试降低生产成本。

（2）参照建筑钢连铸中各项参数对模拟结果影响规律的分析，研究不同拉速+冷却强度组合、振动参数和保护渣的选取、电磁搅拌开启与否及钢包到达时间和温度等参数对工程钢连铸坯质量及生产成本控制的影响，并做详细分析。具体要求如下：

依照工程钢模拟参数的范围，在选取至少 2 组合理的拉速与冷却强度组合的前提下（要求最终铸坯实际成材率能达到 100%），涉及有无电磁搅拌，讨论至少 3 组结晶器振动参数和保护渣类型与 3 组钢包时间和温度参数。将相关试验参数及模拟结果如表 6.16 列出，并在报告中简要分析参数选取依据。此外，将最终得到的成本最低的连铸方案采用图形+文字+表格相结合的形式，对模拟过程和结果进行详细的描述与分析，并阐述该方案成材率高且成本低的原因，提出工程钢连铸成本优化方案。

（3）参照管线钢连铸过程中各项参数对模拟结果影响规律的分析，研究不同拉速+冷却强度组合、振动参数和保护渣的选取、轻压下强度及钢包到达时间和温度等参数对超低碳钢铸坯质量及生产成本控制的影响，并做相应质量控制和成本优化的分析。具体要求如下：

依照系统中给出的超低碳钢模拟参数规定范围，在选取至少2组合理的拉速与冷却强度组合的前提下（要求结果中连铸坯的实际成材率能达到90%以上），涉及不同轻压下强度，至少讨论3组结晶器振动参数和保护渣类型与3组钢包到达时间和温度的参数，将相关试验参数及模拟结果如表6.16列出，并在报告中简要分析参数选取依据。此外，通过对比不同参数所得到的成本最低的连铸方案，用图形+文字+表格相结合的形式对模拟过程和结果进行详细的描述与分析，并阐述其成材率高且成本低的原因，提出超低碳钢铸坯质量控制和连铸成本优化方案。

表 6.16 工程钢和超低碳钢连铸参数及模拟结果

参　数	方　案				
	I	II	III	IV	…
浇铸速度/$m \cdot min^{-1}$					
冷却强度/kg（水）·kg（钢）$^{-1}$					
振程/mm					
频率/min^{-1}					
保护渣类型					
电磁搅拌状态（工程钢）					
轻压下强度（超低碳钢）					
第一包钢水到达温度/℃					
第二包钢水到达温度/℃					
第二包钢水到达时间/min					
第三包钢水到达温度/℃					
第三包钢水到达时间/min					
合格铸坯长度/m					
实际铸坯成材率/%					
吨钢成本/$					

6.6.2 报告评分标准

评分标准为：

（1）基本要求（合格）

1）根据指导教师的具体要求完成相关钢种的模拟过程，讨论的参数组合数满足要求，且模拟结果中铸坯成材率能达到具体要求；

2）撰写报告。按6.6.1小节中报告的要求，对各钢种所选取的模拟参数中最佳模拟结果的模拟过程和结果进行了详细介绍，可获得基准分60分；不满足，判定为不及格。

（2）能力提高（良好）

1）满足（1）的要求；

2）能够按照方坯和板坯模拟演示和参数分析对所选取的参数原则、结果展示、结果分析及成本优化过程进行理论分析；

3）反馈结果中，"吨钢成本"和"合格长度（成材率）"等指标处于同期报告中前50%。

（3）创新培养（优秀）

1）满足（2）的要求。

2）能够在分析模拟结果的同时，提出合理且有效的成本和铸坯质量优化方案；

3）反馈结果中，所模拟得到最优结果中"吨钢成本"和"合格长度（成材率）"等指标处于同期报告中前20%。

在满足上述要求的基础上，按冶炼成本和成材率的高低，决定模拟过程的优劣。具体评分标准见表6.17。

表6.17　连铸实训报告成绩评分表

分项	分值	得分	评　分　等　级
冶炼设备和工艺流程描述	20分	16~20	对连铸机的结构、各部件功能和原理以及连铸工艺过程叙述全面且深入，所述内容正确
		11~15	对连铸机的结构、各部件功能和原理以及连铸工艺过程有一定描述，所述内容基本正确
		0~10	实训报告内容不完整，所述内容错误较多
过程描述及结果分析	40分	30~40	连铸过程描述详尽，参数的设置和调整有理论支撑，对各参数设置与连铸结果的关系分析合理，能有效降低连铸生产成本和提高铸坯成材率，结果分析合理
		20~30	连铸过程有基本描述，参数设置有一定理论依据，能简要分析冶炼成本影响因素，结果分析基本合理
		0~20	实训报告仅有简要的操作介绍
实训体会	20分	17~20	实训报告能体现冶金生产与社会、节能环保的关系，实训过程体会与感受深刻
		11~16	实训报告能较好体现冶金生产与社会、节能环保的关系，实训过程体会与感受较深刻
		0~10	实训报告未体现冶金生产与社会的关系，实训过程体会与感受简单
报告撰写格式	20分	16~20	实训报告格式规范、图文结合好
		11~15	实训报告格式较规范、图文结合较好
		0~10	实训报告格式不规范、图文结合较差
合计	100		—

6.7 连铸模拟训练和实际连铸的不同

连铸模拟训练和实际连铸的不同之处为：

（1）在各个钢种选定拉速和冷却条件后，系统所计算所得的冶金长度值并未考虑浇铸温度的影响。实际生产中，钢包内钢液的过热度也是影响铸坯冶金长度的关键因素。

（2）本连铸模拟系统重点关注了结晶器保护渣对铸坯质量和连铸成本的影响。现场生产中，除结晶器保护渣之外，钢包和中间包上表面都会有保护渣或覆盖剂，主要用于防止钢液二次氧化和吸收非金属夹杂物，对洁净钢生产起到了关键作用。而本模拟系统并未考虑此因素。

（3）除板坯外，多数大方坯和圆坯连铸凝固末端也常采用轻压下技术进行中心偏析和疏松的控制。

（4）方坯连铸结晶器电磁搅拌的强度和安装位置亦为影响结晶器冶金行为的关键因素，连铸模拟并未考虑。

（5）板坯连铸时，结晶器电磁制动和吹氩技术作为常用的结晶器冶金行为优化技术，并未在此模拟系统中涉及。

（6）模拟时，如若未控制好中间包或结晶器液位，导致中间包和结晶器溢钢（达到100%），虽然系统会自动关闭长水口或浸入式水口，待液位有所下降后调整流量可继续完成浇铸，对模拟成本影响较小。然而，溢钢现象在实际生产中是不容许发生的，一旦发生溢钢，会引起安全事故。

参 考 文 献

[1] 王杏娟，田阔，朱立光，等. 裂纹敏感性钢连铸保护渣应用研究 [J]. 钢铁钒钛，2018，39（2）：121-126.

[2] 李殿明，邵明天，杨宪礼，等. 连铸结晶器保护渣应用技术 [M]. 北京：冶金工业出版社，2008.

[3] Yasuda H, Toh T, Iwai K, et al. Recent progress of EPM in steelmaking, casting, and solidification processing [J]. ISIJ International, 2007, 47（4）：619-626.

[4] 方庆. 大方坯连铸过程流动、传热、传质行为及凝固组织的模拟研究 [D]. 武汉科技大学，2018.

[5] 宋潇. 大方坯连铸轻压下过程热力耦合数值模拟 [D]. 武汉科技大学，2018.

[6] 蔡开科. 连铸坯质量控制. 北京：冶金工业出版社，2010.

[7] Zhang H, Fang Q, Luo R, et al. Effect of ladle changeover condition on transient three-phase flow in a five-strand bloom casting tundish [J]. Metallurgical & Materials Transactions B, 2019, 50（3）：1461-1475.

[8] 杨军. 铸坯成型理论 [M]. 北京：冶金工业出版，2015.

[9] Jiang D, Zhu M. Solidification structure and macrosegregation of billet continuous casting process with dual electromagnetic stirrings in mold and final stage of solidification: a numerical study [J]. Metallurgical and Materials Transactions B, 2016, 47（6）：3446-3458.

[10] Yin Y, Zhang J, Lei S, et al. Numerical study on the capture of large inclusion in slab continuous casting with the effect of in-mold electromagnetic stirring [J]. ISIJ International, 2017, 57（12）：2165-2174.

冶金工业出版社部分图书推荐

书　名	作　者	定价(元)
冶金与材料热力学(本科教材)	李文超	65.00
物理化学(第4版)(本科国规教材)	王淑兰	45.00
冶金与材料近代物理化学研究方法(上,下册)	李文超	56,69
冶金物理化学研究方法(第4版)(本科教材)	王常珍	69.00
冶金热力学(本科教材)	翟玉春	55.00
冶金动力学(本科教材)	翟玉春	36.00
冶金电化学(本科教材)	翟玉春	47.00
钢铁冶金原理(第4版)(本科教材)	黄希祜	82.00
钢铁冶金原理习题及复习思考题解答(本科教材)	黄希祜	45.00
现代冶金工艺学——钢铁冶金卷(第2版)(本科国规教材)	朱苗勇	75.00
耐火材料(第2版)(本科教材)	薛群虎	35.00
钢铁冶金原燃料及辅助材料(本科教材)	储满生	59.00
能源与环境(本科国规教材)	冯俊小	35.00
特种熔炼(本科教材)	薛正良	35.00
炉外精炼教程(本科教材)	高泽平	39.00
连续铸钢(第2版)(本科教材)	贺道中	30.00
电磁冶金学(本科教材)	亢淑梅	28.00
钢铁冶金过程环保新技术(本科教材)	何志军	35.00
冶金工厂设计基础(本科教材)	姜　澜	45.00
冶金科技英语口译教程(本科教材)	吴小力	45.00
冶金专业英语(第2版)(高职高专国规教材)	侯向东	36.00
冶金原理(第2版)(高职高专国规教材)	卢宇飞	45.00
物理化学(第2版)(高职高专国规教材)	邓基芹	36.00